गणित की रोचक बातें

गणित की रोचक बातें

विजय कुमार झा

माहेश्वरी वाणी प्रकाशन प्रा.लि.
4695/21-ए, दरियागंज, नयी दिल्ली-110002
Ph. : 011-23273167, 23275710 Fax : 011- 23275710
Email : vaniprakashan@gmail.com
Website : vaniprakashan.in

ISBN : 81-89795-02-3

माहेश्वरी वाणी प्रकाशन प्रा.लि.
4695/21-ए, दरियागंज, नयी दिल्ली-110002
द्वारा प्रकाशित
संस्करण : 2012

मूल्य : 200.00

शक्ति ऑफसेट, शाहदरा, दिल्ली-110032
द्वारा मुद्रित

माहेश्वरी वाणी प्रकाशन प्रा.लि., वाणी प्रकाशन की
सहयोगी संस्था

भूमिका

गणित लोकप्रिय विषय है, ऐसा कहने पर पाठक कहीं-न-कहीं सोचने के लिए मजबूर हो सकते हैं कि ऐसा कहना क्या गणित विषय को बढ़ावा देने के लिए अतिश्योक्तिपूर्ण वाक्य तो नहीं है। लेकिन नहीं, ऐसा हम दृढ़ निश्चय से कह सकते हैं। प्रकृति द्वारा बनायी गयी सृष्टि में सभी कुछ रुचिकर होता है। यह निर्भर करता है कि देखने और समझने का जरिया क्या है। हमारी पुस्तक शृंखलाओं में ऐसी अनेकानेक विषयक पुस्तकें हैं जिनके विषय आम पाठकों को कम रुचिकर लगते हैं।

हमारा सकल प्रयोग यही है कि पुस्तकों को समझाने के रुचिकर प्रकार उपयोग में लाये जाये और खास तौर पर खेल-खेल में अंतरिक्ष, खगोल, गणित या विज्ञान विषयक सामग्री पाठकों को सहज ही समझायी जा सके, न केवल समझायी जा सकती है वरन् जीवनपर्यंत जागृति भी उत्पन्न की जा सकती है।

उम्मीद है पाठक ये पुस्तकें पढ़ेंगे व उपयोगी पायेंगे।

डोमिनो*

28 गोटियों की लड़ी.–खेल के नियमों का उल्लंघन किये बगैर भी डोमिनों की 28 गोटियों को एक सतत लड़ी में क्यों रखा जा सकता है?

लड़ी का आरंभ और अंत.–जब डोमिनो की 28 गोटियों को एक लड़ी में रखा गया, तो एक छोर पर पाँच बिंदे थे।

दूसरे छोर पर कितने बिंदे थे?

डोमिनों का जादू.–आपका मित्र एक गोटी उठा लेता है और आपसे बाकी बचे 27 गोटियों को एक सतत लड़ी में रखने को कहता है। उसके अनुसार, चाहे जो भी गोटी उसने ली हो, यह करना संभव है। वह दूसरे कमरे में चला जाता है, ताकि, आपकी बनायी लड़ी देख न सके। आप काम शुरू करते हैं और जल्द ही मान लेते हैं कि आपका मित्र सही थाः 27 गोटियों को एक लड़ी में रखा जा सकता है। आप और भी आश्चर्यचकित होते हैं,

---

* डोमिनो 28 आयताकार गोटियों का एक खेल है। गोटी की ऊपरी सतह दो वर्गों में बँटी होती है, जिन पर विभिन्न संचयों में 0 से 6 तक के बिंदे होते हैं। खिलाड़ी बराबर संख्या में गोटियां बाँट लेते हैं और एक-दूसरे से छिपा कर रखते हैं। उनमें से प्रत्येक टेबुल पर बारी-बारी से एक-एक गोटी एक-दूसरे से सटा कर इस प्रकार रखता है कि समान संख्या के बिंदे पास हों (जैसे चित्र 8 में गोटी (2, 6) से गोटी (6, 3) सटी है)। इस प्रकार लड़ी बनती जाती है। जिसकी गोटियां पहले खत्म हो जाती हैं, वह जीत जाता है। **–अनु.**

जब आपका मित्र दूसरे कमरे से आपकी लड़ी देखे बिना बताता है कि उस के किस छोर पर कितने बिंदे हैं।

कैसे वह जान लेता है? उसे क्यों विश्वास है कि 27 गोटियों की सतत लड़ी बनायी जा सकती है?

फ्रेम.–चित्र 5 में एक वर्गाकार फ्रेम है, जो खेल के नियमों को ध्यान में रखते हुए डोमिनों की गोटियों से बनाया गया है। फ्रेम की भुजायें बराबर हैं, पर उनमें बिंदों की कुल संख्यायें समान नहीं हैं। ऊपरी तथा निचली कतारों में से हरेक में 44 बिंदे हैं तथा अन्य दो कतारों में –59 तथा 32 बिंदे।

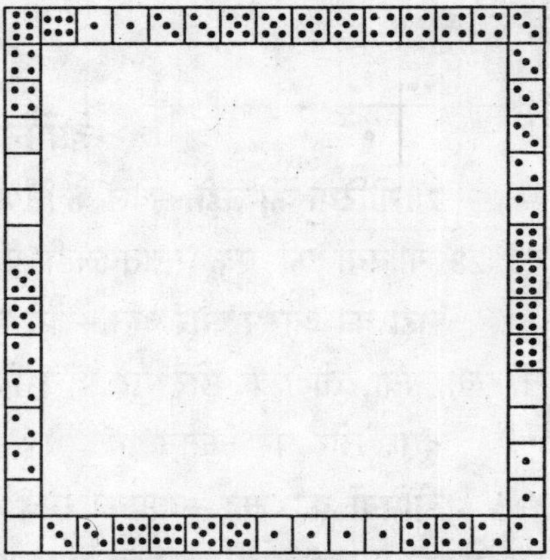

चित्र 5

क्या आप ऐसा वर्गाकार फ्रेम बना सकते हैं, जिसकी प्रत्येक भुजा में बिंदों की कुल संख्या 44 हो?

सात वर्ग.–डोमिनों की चार ऐसी गोटियाँ चुनी जा सकती हैं कि उनसे बने वर्ग की हर भुजा में बिंदों की संख्या समान हो। (नमूना आप चित्र-6 में देखते हैः प्रत्येक भुजा में बिंदों को गिनें, कुल संख्या हर प्रकार से 11 होगी।)

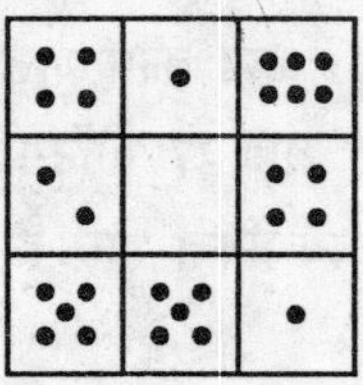

चित्र 6

क्या आप डोमिनो की सारी गाटियों को लेकर सात ऐसे वर्ग बना सकते हैं? जरूरी नहीं कि सभी वर्गों की भुजाओं में बिंदों की एक ही संख्या हो। पर्याप्त होगा यदि अलग-अलग हर वर्ग की चारों भुजाओं में बिंदों की संख्या समान हो।

डोमिनो से बने जादूई वर्ग.–चित्र-7 डोमिनों की 18 गोटियों से बना एक वर्ग है, जिसकी खासियत यह है कि प्रत्येक अनुलाम्बिक, अनुप्रास्थिक या विकर्णी कतार में बिंदों की संख्या एक समान हैः 13। ऐसे वर्गों को प्राचीन

काल से ही "जादूई" कहा जाता है।

आपसे 18 गोटियों वाले ऐसे ही कुछ वर्ग बनाने का अनुरोध किया जाता है, जिनकी कतारों में बिंदों की संख्या भिन्न हो। 18 गोटियों से बने जादूई वर्ग की कतारों में बिंदों की निम्नतम संख्या 13 है तथा अधिकतम संख्या 23 है।

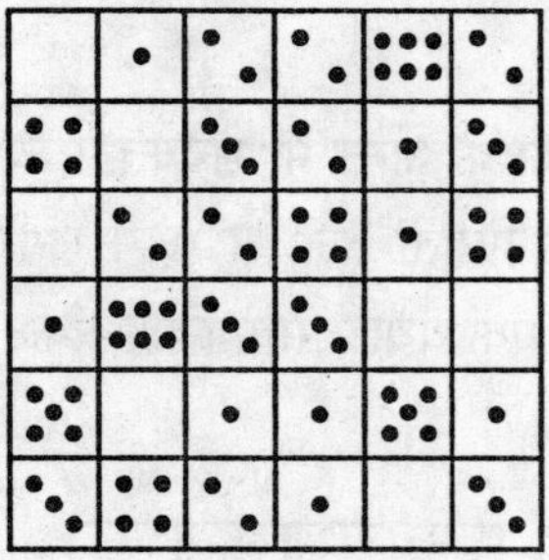

चित्र 7

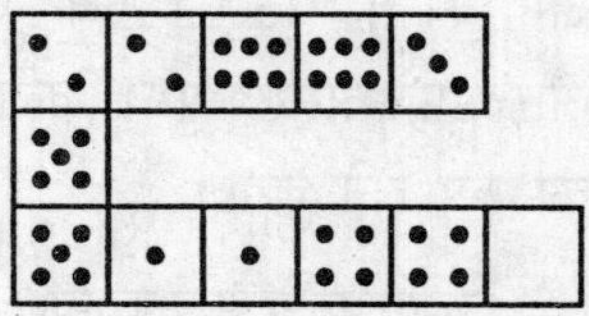

चित्र 8

चित्र 9. 15 का खेल

डोमिनों निर्मित श्रेढ़ी–चित्र-8 में आप डोमिनों की 6 गोटियाँ देखते हैं, जो खेल के नियमानुसार रखे गये हैं। फर्क सिर्फ यह है कि कतार में गोटियों पर बिंदों को संख्यायें (गोटी के दोनों अर्द्धों को मिलाकर) 1 से बढ़ती हैं। कतार 4 से शुरू होती है तथा बिंदों की निम्न संख्याओं से बनती है:

4, 5, 6, 7, 8, 9

समान संख्या द्वारा बढ़ने (या घटने) वाली कतार को "समांतर श्रेढ़ी"

कहते हैं। हमारी कतार में हर संख्या पिछले से 1 ज्यादा है; पर श्रेढ़ी में कोई दूसरा "अंतर" हो सकता है।

प्रश्न है छः गोटियों से कैसे ऐसी ही कुछ और श्रेढ़ियाँ बनायी जायें।

15 का खेल या टेकेन.–1 से 15 तक अंकित वर्गाकार गोटियों की विख्यात डिब्बी का एक मनोरंजक इतिहास है, जिसकी खेलने वाले शायद कल्पना भी नहीं करते। खेलों के जर्मन अध्ययनकर्त्ता गणितज्ञ वी॰ आरेंस के शब्दों में यह इतिहास इस प्रकार हैः

"लगभग अर्ध शताब्दी पूर्व, सातवीं दशाब्दी के अन्त में, संयुक्त राज्य अमेरिका में "15 का खेल" उभरा। उसकी लोक प्रियता तेजी से बढ़ने लगी और अपने असंख्य मुग्ध खिलाड़ियों के कारण वह एक यथार्थ सामाजिक संकट का रूप लेने लगा।

1	2	3	4
5	6	7	8
9	10	11	12
13	14	15	

चित्र 10

1	2	3	4
5	6	7	8
9	10	11	12
13	15	14	

चित्र 11

"यही स्थिति सागर के इस पार, यूरोप में भी देखने को मिली। यहाँ बग्गियों में भी यात्रियों के हाथ में 15 गोटियों की डिब्बियाँ देखी जा सकती थीं। दफ्तरों तथा दुकानों के मालिक अपने यहाँ काम करने वालों के इस शौक से परेशान थे और काम के वक्त खेल पर सख्त मनाही लगाने को विवश हो गये थे। मनोरंजन-गृहों के मालिक इस सनक का धूर्त्ततापूर्वक उपयोग कर थे और बड़ी-बड़ी प्रतियोगितायें आयोजित कर रहे थे।

खेल जर्मन-रेइखश्टान के आनुष्ठानिक-कक्षों में भी प्रविष्ट हो गया। "वर्गाकार डिब्बियों पर टकटकी लगाये बुजुर्ग लोग मेरी आँखों के सामने आज भी घूमते हैं,"– विख्यात जर्मन भुगोलशास्त्री व गणितज्ञ जिगमुण्ड ग्युंटर, जो इस महामारी के समय वहाँ डिपुटी (संसद सदस्य) थे, यह याद करते हैं।

"पेरिस में इस खेल ने पहले तो खुले आकाश के नीचे बुलवारों में अपना स्थान बनाया, फिर जल्द ही कस्बों और गाँवों तक फैल गया।" सुदूर गाँवों में भी कोई ऐसा घर नहीं बचा था, जहाँ अपने शिकार को जाल में फँसा लेने की घात में यह मकड़ा न बैठा हो",—एक फ्रांसीसी लेखक ने लिखा था।

"सन 1880 में यह रोग शायद अपने शिखर पर पहुँच गया था। लेकिन जल्द ही इस शैतान पर गणित के अस्त्र से विजय प्राप्त कर लिया गया। गणित के क्रीड़ा-सिद्धांतों ने दिखाया कि खेल के सभी प्रश्नों में से सिर्फ आधे का हल संभव है; बाकी का हल किसी भी तरीके से नहीं हो सकता।

"इससे स्पष्ट हो गया कि कुछ प्रश्न लाख कोशिशों के बावजूद क्यों हल नहीं होते थे और क्यों प्रतियोगिता के कुछ आयोजक उनके हल के लिये बड़ी रकमों के इनाम ऐलान करने का साहस करते थे। इनाम रखने में खेल के आविष्कारक ने सबको मात कर दिया था। उसने न्यु-योर्क के एक समाचार-पत्र के रविवारीय संस्करण के लिये एक हल न होने वाला प्रश्न दिया। हल ढूढ़ने वाले को 1000 डालर मिलने थे। चूंकि संपादक डर रहा था, आविष्कारक यह राशि अपनी जेब से देने को तैयार हो गया। आविष्कारक का नाम है सैमुएल (सैम) लायड। उसका नाम मनोरंजक प्रश्नों तथा असंख्य पहेलियों के लिये विख्यात है। मजेदार बात है कि अमेरिका में उसे इस खेल के लिये पेटेंट देने से इन्कार कर दिया गया। नियमानुसार इसके लिये उसे खेल का एक "कामगर प्रतिमान" देना था। जब उसने अधिकारियों से समक्ष खेल का एक प्रश्न रखा, तो उन्होंने पूछा कि हल संभव है या नहीं। लायड को मानना पड़ा कि गणित के दृष्टिकोण से इसका हल नहीं हैं।" इस स्थिति में,—उसे उत्तर मिला, —कोई कामगर प्रतिमान नहीं बन सकता और बिना प्रतिमान के पेटेंट नहीं दिया जाता।" लायड इस निर्णय से संतुष्ट हो गया, पर यदि वह पहले जानता कि उसका आविष्कार इतना लोकप्रिय हो जायेगा, वह और भी कोशिश करता।"

खेल के इतिहास के बारे में कुछ तथ्यों को आविष्कारक के शब्दों में प्रस्तुत करते हैं :

“पहेलियों के देश में अर्से से जीने वालों को याद होगा—लायड लिखता है,—कि कैसे सातवीं दशाब्दी के आरंभ में मैंने “15 के खेल” नाम से विख्यात गोटियों की डिब्बी पर सारी दुनिया को सर खपाने के लिये विवश कर दिया था। वर्गाकार डिब्बी में 15 गोटियां सही क्रम में रखी थीं, 14-वीं व 15-वीं गोटियां उल्टे क्रम से रखी हुई थीं (चित्र 11)। समस्या थीः सिलसिले से एक-एक गोटी को खिसका कर उनहें सही क्रम में रखना, ताकि आखिरी दो गोटियां भी सीधे क्रम में आ जायें।

प्रश्न के सही हल के लिये 1000 डालर का इनाम किसी को नहीं मिला, यद्यपि सभी अथक प्रयत्न मे लीन थे। कई मजेदार किस्से सुनने को मिले, जैसे दुकानदार इसके चलते अपनी दुकान खोलना भूल जाते थे, कई सम्मानीय प्राधिकारी सड़क पर रोशनी के नीचे उत्तर की खोज में सारी रातें बिता दिया

चित्र 12. “...किस्सा आदरणीय अधिकारियों का, जो रात-रात भर बिजली-खंभों के नीचे रोशनी में मशगूल रहते थे...”

करते थे। कोई भी अपनी कोशिश रोकने को तैयार न था, क्योंकि सभी को सफलता में पूरा विश्वास था। कहते हैं कि जहाजरान इस खेल के चलते जहाजों

को छीछले पर बैठा देता थे, इंजन-चालक रेलगाड़ियों को स्टेशन पर रोकना भूल जाते थे और किसान प्रश्न के हल के पीछे अपना हल-बैल छोड़ देते थे।''

* *

*

इस खेल के सिद्धांत से पाठकों का एक सरल परिचय कराते हैं। अपने पूर्ण रूप में वह उच्च बीजगणित के एक अध्याय–निश्चायक-सिद्धांत– से संबंधित है। यहाँ हम सिर्फ वी॰ आरेंस के कुछ विचारों को प्रस्तुत करते हैं।

''खेल का नियम साधारणतया इस प्रकार हैः खाली जगहों पर एक-एक कर 15 गोटियों को खिसकाते हुए उन्हें किसी दिये क्रम से साधारण क्रम में लाया जाता है। साधारण क्रम 1 से 15 तक की संख्या का क्रम है। ऊपर के बायें कोने में 1 का स्थान है, उसके दायें– 2 का, फिर 3 का और ऊपर के दाहिनें कोने में 4 का। इसके नीचे की कतार में बायें से दायें क्रमशः 5, 6, 7, 8 के स्थान होते हैं। इस प्रकार का साधारण क्रम चित्र-10 में दिखाया गया है।

''अब ऐसी स्थिति में कल्पना कीजिये, जब गोटियों का क्रम पूर्ण रूप से बिगड़ा हुआ हो। गोटियों को खिसका-खिसका कर गोटी 1 को अपनी ज़गह पर लाया जा सकता है।

इसी तरह, गोटी 1 को छूये बिना, गोटी 2 को अपनी जगह पर लाया जा सकता है। इसके बाद गोटियों 1 व 2 को छूये बिना गोटियों 3 व 4 को अपनी जगह पर लाया जाता हैः यदि संयोगवश वे अंतिम दो स्तंभों में नहीं हैं, तो गोटियों को खिसका कर उन्हें आसानी से इस क्षेत्र में लाया जा सकता है और लक्ष्य तक पहुँचा जा सकता है। अब ऊपरी कतार 1,2,3,4 सही हो चुकी है और आगे के प्रयत्नों में उसे नहीं छूते हैं। इसी तरह दूसरी कतार 5, 6, 7, 8 का क्रम ठीक किया जा सकता है; आप देख ले सकते हैं कि यह हमेशा संभव है। इसके बाद आखिरी दो कतारों में 9 तथा 13 गोटियों को अपनी जगह पर लाते हैं; यह भी हमेशा संभव है। अपनी जगह पर लायी गयी गोटियों 1, 2, 3, 4, 5, 6, 7, 8, 9, 13 को फिर अपनी जगह से नहीं हटाते।

अब 6 जगहें बचती हैं, जिनमें एक खाली है तथा 5 जगहों पर 10, 11, 12, 14, 15 गोटियाँ किसी अनिश्चित क्रम में हैं। इन छः जगहों की सीमा में 10, 11, 12 को हमेशा अपनी जगह पर रखा जा सकता है। उन्हें रख लेने के बाद 14 व 15 गोटियों को या तो सही क्रम में रखा जा सकता है या उल्टे क्रम में (चित्र 11)। पाठक खुद देख सकते हैं कि इससे हम निम्न निष्कर्ष पर पहुँचते हैंः

''गोटियों की किसी भी आरंभिक क्रम-व्यवस्था का या तो चित्र-10 की भाँति पुनरायोजन किया जा सकता है (क्रम-I) या चित्र 11 की भाँति (क्रम-II)।

यदि कोई क्रम-व्यवस्था, संक्षेपण के लिये उसे S कहें, क्रम-I पर लायी जा सकती है, तो उल्टा उसे I से S पर भी लाया जा सकता है, क्योंकि सभी चालें वापस ली जा सकती हैं। उदाहरण के लिये, क्रम-I में यदि हम गोटी 12 को खाली जगह पर ला सकते हैं, तो उसे उल्टा खिसका कर वापस भी रख सकते हैं।

''इस प्रकार, हमारे पास कुल दो प्रकार की क्रम-व्यवस्थायें हैं :एक को

	1	2	3
4	5	6	7
8	9	10	11
12	13	14	15

चित्र 13

4	8	12	
3	7	11	15
2	6	10	14
1	5	9	13

चित्र 14

हम साधारण क्रम-I की तरह रख सकते हैं तथा दूसरी को सिर्फ क्रम–II की तरह। इसके विपरीत, क्रम-I से पहली प्रकार की क्रम-व्यवस्थायें आयोजित की जा सकती है तथा क्रम-II से सिर्फ दूसरी प्रकार की। और अंत में, एक ही प्रकार की दो भिन्न क्रम-व्यवस्थाओं को एक-दूसरे की भाँति आयोजित किया जा सकता है।

''क्या किसी प्रयत्न से इन दो क्रमों--I तथा II--को मिलाया नहीं जा

सकता? विस्तार में हम नहीं जायेंगे, पर सही-सही सिद्ध किया जा सकता है कि ये दोनों क्रम चालों की किसी भी संख्या से एक दूसरे में परिवर्तित नहीं हो सकते। इसीलिये गोटियों के अपार क्रमचयों को दो समूहों में बाँटा जाता है: 1) वे, जो सही क्रम I में परिवर्तित किये जा सकते हैं: इन क्रमचयों को हल किया जा सकता है, तथा 2) वे, जो क्रम-II में परिवर्तित हो सकते हैं और इसीलिये किसी भी हालत में सही क्रम में नहीं लाये जा सकतेः ये ही वे क्रमचय हैं, जिनके हल के लिये बड़े इनामों की घोषाणा की जाती थी।

"कैसे जाना जा सकता है कि किसी दिये गये क्रमचय का स्थान पहले समूह में है या दूसरे समूह में ? यह एक उदाहरण द्वारा समझा जा सकता है।

"निम्न प्रकार का एक क्रमचय देखा जाये।"

"प्रथम तथा द्वितीय कतारों में गोटियाँ सही रखी हैं; सिर्फ गोटी 9 गोटी 8 की जगह पर है, अर्थात 9 पहले आता है 8 के : सही क्रम में यह हेर-फेर "अतिक्रमण" कहलाता है। गोटी 9 के बारे में कहते हैं कि यहाँ 1 अतिक्रमण है। इसके बाद की गोटियों में 14 अपनी जगह पर नहीं है; वह अपने सही स्थान से तीन घर (12, 13, 11 गोटियों के) पहले हैं, अतः यहाँ तीन अतिक्रमण हैं (12 के पहले 14; 13 के पहले 14; 11 के पहले 14)। इस प्रकार कुल अतिक्रमण 1+3 = 4 होते हैं। इसके अतिरिक्त 12–वीं गोटी 11–वीं गोटी के पहले हैं तथा गोटी 13 गोटी 11 के पहले है। अतः हमें दो और अतिक्रमण मिलते हैं। अतिक्रमणों की कुल संख्या 6 हुई। इसी विधि से पहले नीचे के दाहिने कोने को खाली कर गोटियों की किसी भी क्रमव्यवस्था के लिये अतिक्रमणों की कुल संख्या को ढूंढ़ा जा सकता है। यदि वह संख्या **सम** है, तो भी हुई क्रम-व्यवस्था को सही क्रम-I पर लाया जा सकता है, अर्थात उसका हल ढूंढ़ा जा सकता है। यदि अतिक्रमणों की संख्या **विषम** है, तो क्रम-व्यवस्था दूसरे समूह की है, अर्थात उसका हल नहीं है (शून्य अतिक्रमण को सम संख्या वाला अतिक्रमण माना जाता है।)।

"गणित द्वारा इस स्पष्टीकरण के कारण खेल के पीछे पहले जैसी सनक अब अर्थहीन हो गयी है। गणित इस खेल के लिए पर्याप्त विस्तृत सिद्धांत

प्रस्तुत करता है, जो संदेह के लिये कोई गुंजाईश नहीं छोड़ता। यह खेल संयोग पर या खिलाड़ी की अक्लमंदी पर निर्भर नहीं करता, जैसा कि दूसरे खेलों में होता है। सिर्फ शुद्ध गणितीय तथ्य हैं, जो पूर्ण वैधता के साथ खेल का पूर्व निर्धारण करते हैं।"

अब इस क्षेत्र के कुछ प्रश्नों को देखें।

खेल के आविष्कारक द्वारा निर्मित कुछ प्रश्न यहाँ दिये जाते हैं, जिनके हल संभव हैं:

23. लायड का पहला प्रश्न.–चित्र 11 में दी गयी गोटियों की क्रम-व्यवस्था को सही क्रम में परिवर्तित करें। अंत में बायीं ओर का ऊपरी कोना खाली होना चाहिये (चित्र 13)।

24. लायड का दूसरा प्रश्न.–चित्र 11 में दी गयी क्रम-व्यवस्था के साथ डिब्बी को चौथाई घुमा कर गोटियों को खिसकायें, जबतक कि चित्र 14 की क्रम-व्यवस्था न मिल जाय।

25. लायड की तीसरा प्रश्न.–चित्र-11 की क्रम-व्यवस्था से खेल के नियमानुसार गोटियों को खिसका-खिसका कर डिब्बी को जादूई वर्ग में परिवर्तित कर दें, ताकि हर दिशा में गोटियों की संख्याओं का योग 30 हो।

क्रौकेट

डोमिनो और 15 के खेल के प्रश्नों का अध्ययन करते समय हम सिर्फ अंकगणित के दायरे में थे। क्रौकेट के मैदान में संबंधित पहेलियों को शुरू करने पर हम आंशिक तौर से रेखागणित के क्षेत्र में भी आ जाते हैं।

क्रौकेट-खिलाड़ियों के लिये निम्न पाँच पहेलियाँ प्रस्तुत हैं।

26. गोल पार करें या क्रोकिंग करें? क्रौकेट के गोल-पोस्ट तार से बने आयताकार होते हैं। गोल की चौड़ाई गेंद के व्यास से दुगुनी है। इस हालत में क्या आसान होगा: इष्टतम स्थान से तार को स्पर्श किये बिना गोल से निर्बाध गेंद पार कराना या उसी दूरी से (दूसरी) गेंद पर चोट करना (क्रोकिंग करना)?

27. गेंद और खंभा.–क्रोकेट का खंभा नीचे से 6 से॰ मी॰ मोटा है।

गेंद का व्यास 10 से॰ मी॰ है। किसी दूरी से इस खूंटे में चोट करने ("खूंटा चढ़ने"!) की अपेक्षा गेंद पर चोट करना कितना सरल होगा?

28. गोल पार करें या खूंटा चढ़ें? आयाताकार गोल-पोस्ट से गेंद दुगुना छोटा है और खूंटे से दुगुना चौड़ा है। क्या आसान होगाः किसी इष्टतम स्थान से गोल पार कराना या उसी दूरी से खूंटा चढ़ना?

29. चूहेदानी पार करें या क्रोकिंग करें? आयाताकार गोल की चौड़ाई गेंद के व्यास से तिगुनी अधिक है। क्या आसान होगाः इष्टतम स्थान से चूहेदानी पार करना या क्रोकिंग करना?

30. दुर्गम चूहेदानी.–आयताकार गोल-पोस्ट चौड़ाई तथा गेंद के व्यास की लंबाई के किस अनुपात पर चूहेदानी पार करना अंसभव हो जायेगा?

16–30 पहेलियों के हल

16. समस्या को आसान बनाने के लिये पहले समान बिंदों वाली 0–0, 1–1, 2–2 आदि 7 गोटियों को अलग रख दें। बचेंगी 21 गोटियाँ, जिन पर बिंदों की हर संख्या 6 बार मिलती हैं। उदाहरण के लिये, 4 बिंदे (गोटी के एक अर्द्ध में) निम्न 6 गोटियों पर मिलेंगेः

4–0, 4–1, 4–2, 4–3, 4–5, 4–6.

इस प्रकार बिंदों की हर संख्या **सम** संख्या बार मिलता है। स्पष्ट है कि समान बिंदों वाले अर्द्धों को सटा कर इन सारी गोटियों को एक के बाद एक लड़ी में रखा जा सकता है। यह कर लेने के बाद, अर्थात 21 गोटियों की एक सतत लड़ी बना लेने के बाद, 0–0, 1–1, 2–2 आदि जोड़ों के बीच लड़ी तोड़ कर सात गोटियाँ क्रमशः घुसा कर रख देते हैं। इस प्रकार, खेल के नियमों का उल्लंघन किये बगैर डोमिनो की 28 गोटियों को एक सतत लड़ी में जोड़ा जा सकता है।

17. यह सिद्ध करना आसान है कि डोमिनो की 28 गोटियों से बनी लड़ी के दोनों छोरों पर बिंदों की संख्यायें समान होंगी। अगर ऐसा नहीं होता, तो छोरों पर स्थित बिंदों की संख्यायें **विषम** संख्या बार मिलतीं (लड़ी के भीतर बिंदों की सभी संख्यायें सम बार ही मिल सकती हैं!); पर हम जानते हैं कि

डोमिनों की सारी गोटियों को जमा कर लेने पर बिंदों की हर संख्या 8 बार, अर्थात सम संख्या बार दुहरायी जाती है। अतः हमारी यह मान्यता– कि लड़ी के छोरों पर बिंदों की संख्यायें भिन्न हैं–गलत होगीः वे सिर्फ समान हो सकती है। (गणित में इस प्रकार के तर्क को "विपरीत से सिद्धी" कहते हैं।)

अभी-अभी सिद्ध किये गये गुण से एक मनोरंजक निष्कर्ष निकलता हैः 28 गोटियों की लड़ी के छोरों को मिला कर हमेशा ही एक घेरा बना दिया जा सकता है। डोमिनो की सभी गोटियों से खेल के नियमों का पालन करते हुए सिर्फ लड़ियाँ ही नहीं, बल्कि बन्द घेरे भी बनाये जा सकते हैं।

पाठक शायद इस प्रश्न में रूचि ले : कितनी भिन्न विधियों से इस प्रकार की लड़ी या घेरा बनाया जा सकता है? यहाँ कलन के नीरस विस्तार को छोड़ कर यह बता दें कि 28 गोटियों की लड़ियाँ या घेरे बनाने की विधियों की संख्या बहुत बड़ी हैः 7 ट्रिलियन (70 खरब) से अधिक। यह रही उनकी सही संख्या :

7959 229 931 520

(यह संख्या निम्न गुणकों का गुणनफल है : $2^{13}. 3^{8}. 5.7. 4231$)।

18. इस पहेली का हल उपरोक्त बातों की मदद से मिलता है। हम जानते हैं कि डोमिनों की 28 गाटियों से हमेशा एक बंद घेरा बनाया जा सकता है। अतः यदि इस घेरे से एक गोटी उठा लें, तो

1. बाँकी 27 गोटियाँ खुले छोरों वाली एक सतत लड़ी बनायेंगी;
2. छोरों पर बिन्दों की संख्यायें वही होंगी, जो उठायी गयी गोटी पर हैं।

इसीलिये एक गोटी छिपा कर हम पहले से बता सकते हैं कि बाँकी 27 गोटियों की लड़ी के छोरों पर बिंदों की कौनसी संख्यायें होंगी।

19. इष्ट वर्ग की सभी भुजाओं पर बिंदों की कुल संख्या 44×4=176 होनी चाहिये, पर यह संख्या डोमिनों की सभी गोटियों पर के बिंदों की कुल संख्या 168 से 8 अधिक है। इसका कारण है कि वर्ग के शीर्षों पर के बिंदे दो बार गिनती में आते हैं। इससे पता चलता है कि वर्ग के शीर्षों पर बिंदों

का कुल संख्या 8 होनी चाहिये। यह समस्या को कुछ आसान बना देता है, फिर भी ऐसा वर्ग बनाना काफी जटिल है। उत्तर चित्र 15 में दिया गया है।

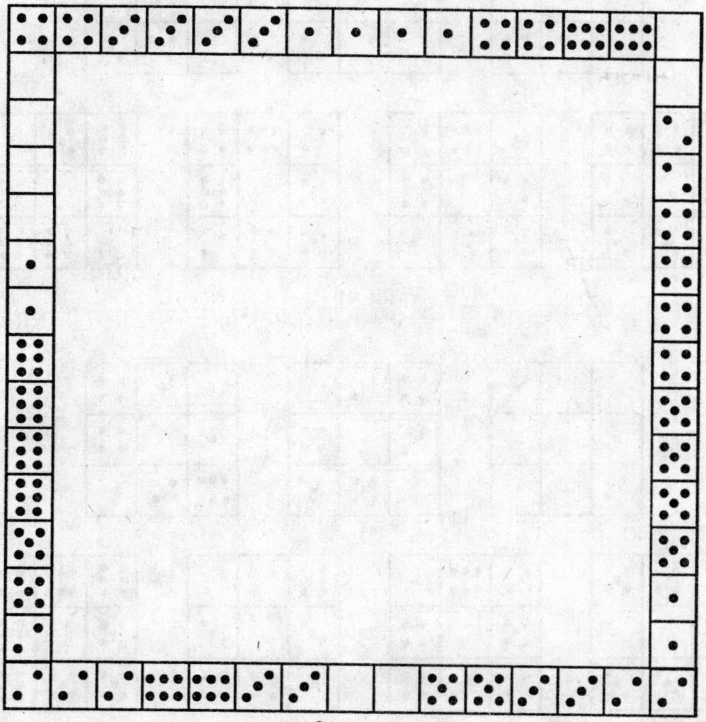

चित्र 15

20. इस प्रश्न के अनेक संभव संधानों में से हम दो हल दे रहे हैं। पहले हल (चित्र 16) में हैं:

1 वर्ग, जिसकी हर भुजा में 3 बिंदे हैं
1 ,, ,, ,, ,, ,, 6 ,, ,,
1 ,, ,, ,, ,, ,, 8 ,, ,,
2 ,, ,, ,, ,, ,, 9 ,, ,,
1 ,, ,, ,, ,, ,, 10 ,, ,,
1 ,, ,, ,, ,, ,, 16 ,, ,,

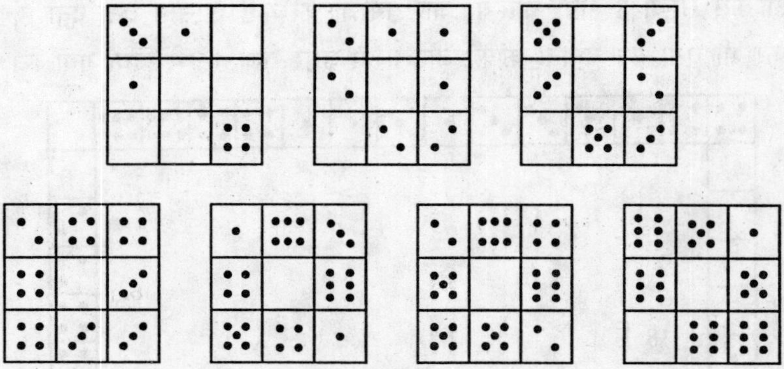

चित्र 16

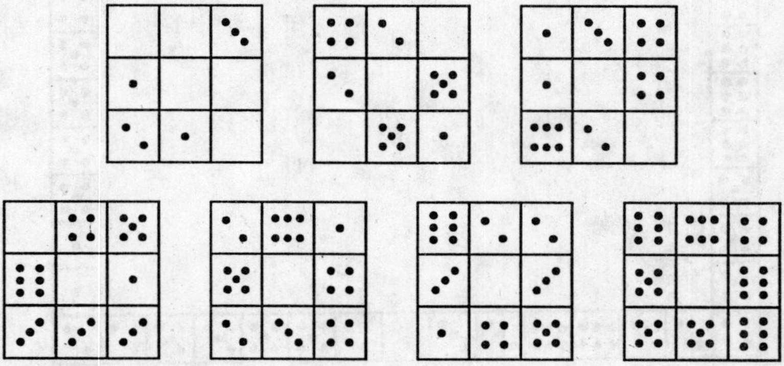

चित्र 17

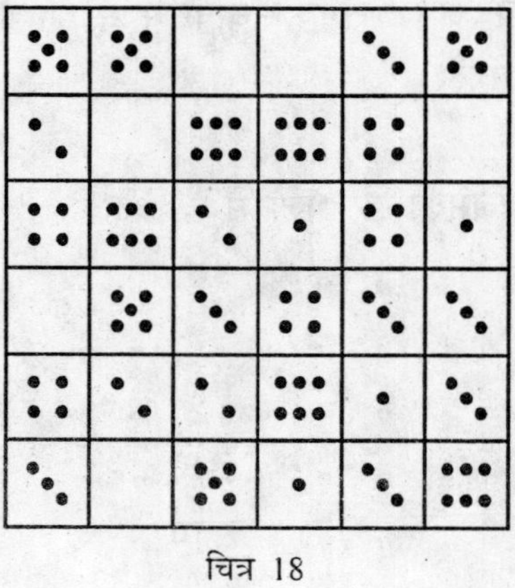

चित्र 18

और दूसरे हल में (चित्र 17)

2 वर्ग, जिसकी हर भुजा में 4 बिंदे हैं
1 ,, ,, ,, ,, ,, 8 ,, ,,
2 ,, ,, ,, ,, ,, 10 ,, ,,
2 ,, ,, ,, ,, ,, 12 ,, ,,

21. चित्र 18 में जादुई वर्ग का एक नमूना दिया गया है, जिसकी हर कतार में 18 बिंदे हैं।

22. उदाहरण के रूप में 2 समातंर वाली दो श्रेढ़ियाँ प्रस्तुत हैं:

(a) 0—0; 0—2; 0—4; 0—6; 4—4; (या 3—5); 5—5 (या 4—6)

(b) 0—1; 0—3; (या 1—2); 0—5 (या 2—3); 1—6 (या 3—4); 3–6 (या 4—5; 5—6);

6 गोटियों की मदद से 23 श्रेढ़ियाँ बनायी जा सकती हैं। उनकी पहली गोटियाँ निम्न होंगी:

(a) एक समांतर वाली श्रेढ़ियों के लिये :

0—0	1—1	2—1	2—2	3—2
0—1	2—0	3—0	3—1	2—4
1—0	0—3	0—4	1—4	3—5
0—2	1—2	1—3	2—3	3—4

(b) दो समांतर वाली श्रेढ़ियों के लिये;

0—0; 0—2; 0—1

23. आरंभिक क्रम-व्यवस्था से इष्ट क्रम निम्न 44 चालों में प्राप्त किया जा सकता है:

14, 11, 12, 8, 7, 6, 10, 12, 8, 7,
4, 3, 6, 4, 7, 14, 11, 15, 13, 9,

12, 8, 4, 10, 8, 4, 14, 11, 15, 13,
9, 12, 4, 8, 5, 4, 8, 9, 13, 14,
10, 6, 2, 1.

24. इष्ट क्रम-व्यवस्था निम्न 39 चालों में प्राप्त की जाती है:

14, 15, 10, 6, 7, 11, 15, 10, 13, 9,
5, 1, 2, 3, 4, 8, 12, 15, 10, 13,
9, 5, 1, 2, 3, 4, 8, 12, 15, 14,
13, 9, 5, 1, 2, 3, 4, 8, 12.

25. 30 योगफल वाला जादूई वर्ग निम्न चालों में प्राप्त किया जाता है:

12, 8, 4, 3, 2, 6, 10, 9, 13, 15,
14, 12, 8, 4, 7, 10, 9, 14, 12, 8,
4, 7, 10, 9, 6, 2, 3, 10, 9, 6,
5, 1, 2, 3, 6, 5, 3, 2, 1, 13,
14, 3, 2, 1, 13, 14, 3, 12, 15, 3.

26. अनुभवी खिलाड़ी भी शायद यही कहेगा कि दी गयी स्थिति में क्रोकिंग की अपेक्षा गोल पार कराना अधिक आसान है, क्योंकि गोल-पोस्ट गेंद से दुगुना चौड़ा है। पर यह सोचना गलत होगा। गोल निस्संदेह गेंद से दुगुना चौड़ा है, पर गोल से होकर निकलने के लिये निर्बाध रास्ता क्रोकिंग के लक्ष्य से दो गुणा कम चौड़ा है।

चित्र 19 को देखने पर बात स्पष्ट हो जाती है। गेंद का केंद्र अपनी त्रिज्या से कम दूरी पर गोल के तारों के समीप नहीं आ सकता, अन्यथा गेंद तारों को स्पर्श करेगा। अर्थात गेंद के केन्द्र का लक्ष्य गोल की चोड़ाई से दो

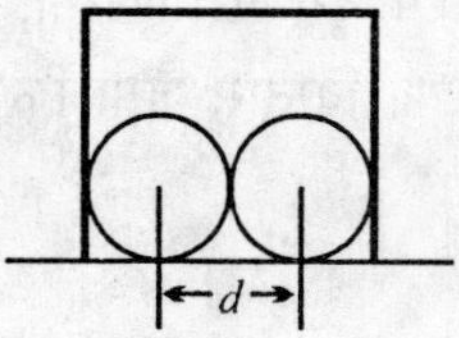

चित्र 19

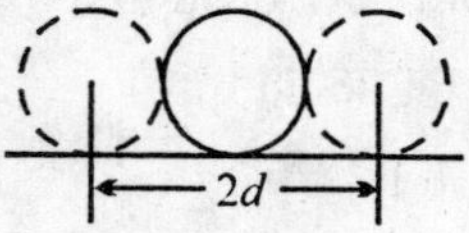

चित्र 20

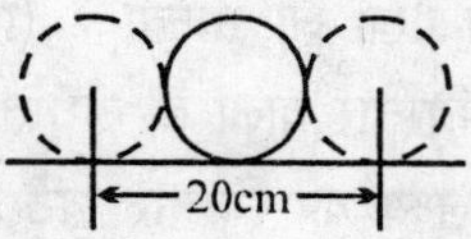

चित्र 21

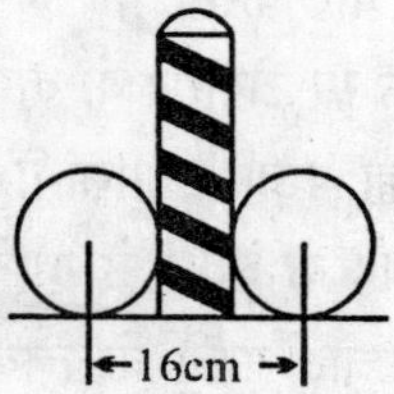

चित्र 22

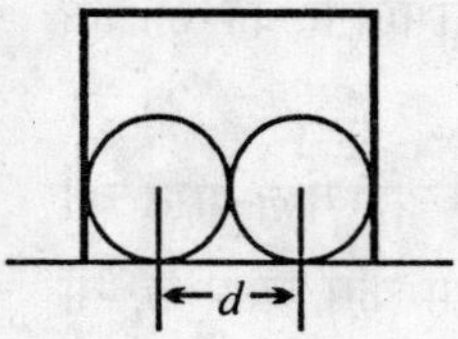

चित्र 23

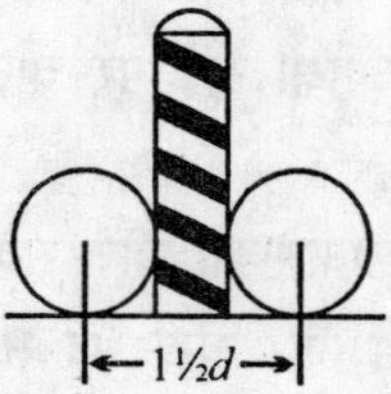

चित्र 24

चित्र 25

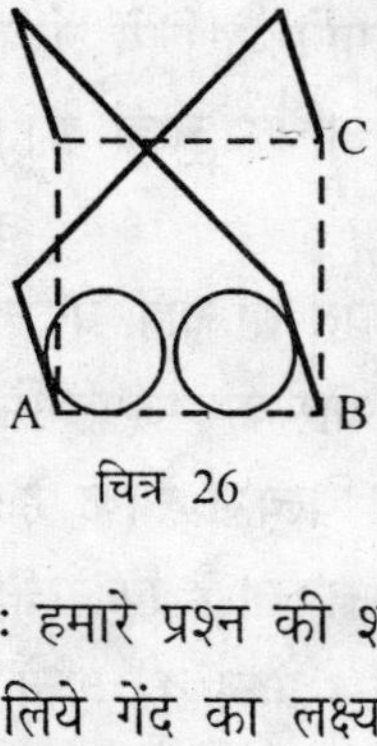

चित्र 26

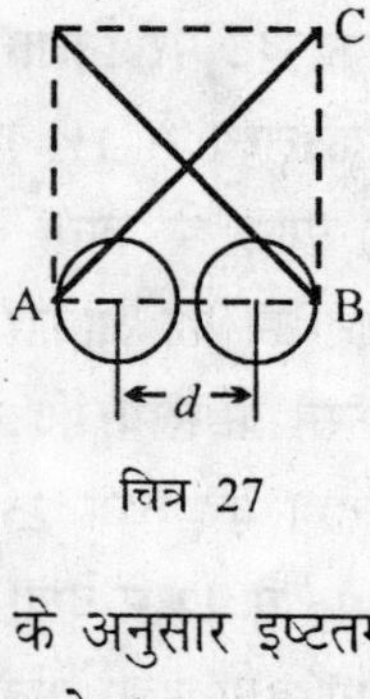

चित्र 27

त्रिज्या कम है। अतः हमारे प्रश्न की शर्तों के अनुसार इष्टतम स्थान से भी गोल पार करने के लिये गेंद का लक्ष्य गेंद के व्यास इतना ही चौड़ा है।

अब देखें कि क्रोकिंग के लिये गतिमान गेंद के केंद्र का लक्ष्य कितना चौड़ा है। स्पष्ट है कि यदि क्रोकिंग करने वाले गेंद का केंद्र क्रोकिंग होने

वाले गेंद के पास से अपनी त्रिज्या से कम दूरी पर गुजरेगा, तो टकराव अवश्यंभावी है। अतः इस हालत में लक्ष्य का विस्तार, जैसा कि चित्र-20 में दिखाया गया है, गेंद के दो
व्यासों के बराबर है।

इस प्रकार, खिलाड़ियों के कहने के बावजूद, दी गयी स्थिति में इष्टतम स्थान से भी गोल पार कराने की अपेक्षा क्रोकिंग करना दुगुना सहज है।

27. ऊपर के स्पष्टीकरण के बाद इस प्रश्न के हल को अधिक समझाने की आवश्यकता नहीं पड़ेगी। आसानी से देखा जा सकता है (चित्र 21) कि क्रोकिंग का लक्ष्य गेंद के व्यास से दुगुने विस्तार वाला है, अर्थात 20 से॰ मी॰ चौड़ा है। खूंटे पर चोट करने के लिये लक्ष्य का विस्तार खूंटे तथा गेंद के व्यासों के योग के बराबर, अर्थात् 16 से॰ मी॰ होगा। अतः खूंटा चढ़ने की अपेक्षा क्रोकिंग करना 20 : 16 = 1¼ गुना या सिर्फ 25% अधिक सहज होगा। खिलाड़ी अक्सर क्रोकिंग की अपेक्षा खूंटे पर चोट की संभावना को अधिक मानते हैं।

28. कोई खिलाड़ी इस प्रकार भी सोच सकता हैः यदि गोल-पोस्ट की चौड़ाई गेंद से दुगुनी अधिक है और खूंटा गेंद से दो गुना कम चौड़ा है, तो खूंटे पर चोट करने के लक्ष्य से गोल-पार कराने का लक्ष्य चौगुने विस्तार वाला है। पिछले प्रश्नों को समझ लेने के बाद पाठक ऐसी गलतियाँ नहीं करेगा। वह समझ लेगा कि खूंटे पर निशाना लगाने के लिये लक्ष्य इष्टतम स्थान से गोल पार कराने के लक्ष्य से 1½ गुना अधिक चौड़ा है। यह चित्र 23 तथा 24 को देखने से स्पष्ट हो जाता है।

(यदि गोल-पोस्ट का आकार आयत सा नहीं, बल्कि मेहराब सा होता, तो निर्बाध पार करने के लिय गेंद को और कम जगह मिलती, उसका लक्ष्य और संकुचित होता। यह चित्र 25 से बिल्कुल स्पष्ट है।)

29. चित्र 26 व 27 में देखा जा सकता है कि गेंद के केंद्र को निर्बाध पार कराने के लिये बचा हुआ अंतराल a प्रश्न की शर्तों के अनुसार काफी संकीर्ण है। रेखागणित से परिचित लोग जानते हैं कि वर्ग की भुजा AB उसके कर्ण AC से लगभग 1.4 गुना कम होती है।

यदि गोल की चौड़ाई 3d हो (जहाँ d— गेंद का व्यास है), तो AB बराबर होगा।

$$3d : 1.4. \approx 2.1d \text{ के।}$$

अंतराल a, जो इष्टतम स्थान से चूहेदानी पार करने वाले गेंद के केंद्र का लक्ष्य है, और भी सँकरा है। वह AB से पूरे एक व्यास के बराबर कम है, अर्थात्

$$a = 2.1d - d = 1.1d$$

चूंकि क्रोकिंग करने वाले गेंद का लक्ष्य, जैसा कि हम जानते हैं, 2d है, दी गयी स्थिति में चूहेदानी पार करने से क्रोकिंग करना दुगुना सरल है।

30. चूहेदानी उस स्थिति में बिल्कुल दुर्गम हो जाती है, जब गोल की चौड़ाई गेंद के व्यास के 1.4 गुना से कम हो। यह निष्कर्ष पिछले प्रश्न में समझायी गयी बातों से निकलता है। यदि गोल-पोस्ट आयाताकार न हो कर मेहराबी, हो तो पार करने की स्थिति और भी बुरी हो जाती है।

आपको गिनना आता है?

43. आपको गिनना आता है? इस प्रश्न से तीन साल से अधिक उम्र का कोई भी व्यक्ति अपमानित महसूस करेगा। क्रम से "एक", "दो", "तीन" का उच्चारण करने के लिये विशेष कला की जरूरत नहीं पड़ती। फिर भी मुझे विश्वास है कि इस आसान लगने वाले काम को हमेशा अच्छी तरह से नहीं करते। क्या गिनना है, इस पर सब निर्भर करता है। डिब्बे में पड़े काँटियों को गिनना कठिन नहीं है। लेकिन उसमें यदि काँटी के साथ पेंच भी मिले हों और उनकी संख्यायें अलग-अलग निर्धारित करनी हो, तब आप क्या करेंगे? पहले काँटी और पेंच के अलग-अलग ढेर बनायेंगे और फिर गिनेंगे?

ऐसी समस्या गृहस्थिन के सामने खड़ी होती है, जब उसे धुलाई के लिये कपड़ों की गिनती करनी पड़ती है। वह पहले अलग-अलग प्रकार के कपड़े अलग ढेरों में रखती है : कमीजें एक ढेर में, तौलिये दूसरे ढेर में, तकिये के खोल तीसरे ढेर में, आदि। और सिर्फ इस नीरस कार्य को पूरा करने के बाद वह गिनना शुरू करती है कि किस ढेर में कितने कपड़े हैं।

बस इसी को कहते हैं कि गिनना नहीं आता! क्योंकि असमान वस्तुओं की गिनती की यह विधि असुविधाजनक है, परिश्रम की है और कई हालतों में बिल्कुल असंभव है। अच्छा है, यदि आपको काँटी या कपड़े गिनने पड़ते हैं : उन्हें अलग ढेरों में जमा कर सकते हैं। लेकिन किसी वनपाल की दृष्टि से सोचिये। उसे गिनना है कि एक हेक्टर में कितने चीड़ हैं, कितने देवदारु

और कितने फर वृक्ष। वृक्षों के आप अलग-अलग ढेर नहीं बना सकते। क्या करेंगे? पहले सारी चीड़ के पेड़ गिन लेंगे, फिर देवदारु और फिर बर्च? एक हेक्टर के आपको कई चक्कर लगाने पड़ेंगे!

क्या कोई आसान विधि नहीं है कि **एक ही** चक्कर लगाना पड़े? हाँ ऐसी एक विधि है और इसका उपयोग वनपाल पुराने जमाने से करते आ रहे हैं। काँटी और पेंचों की गिनती के उदाहरण द्वारा इस विधि को समझाता हूँ।

काँटियों और पेंचों को अलग ढेरों में रखे बगैर, एक बार में ही उनकी संख्यायें जानने के लिये एक कागज और पेंसिल रख लीजिये। कागज पर निम्न नमूने की सारणी बना लीजिये :

काँटी	पेंच

इसके बाद गिनना शुरू कीजिये। डिब्बे से कोई चीज निकालिये; काँटी या पेंच, जो हाथ आ जाये। यदि यह पेंच है, तो सारणी में पेंच के नीचे एक लकीर का चिह्न लगा दें और यदि यह काँटी है, तो काँटी के नीचे। अब दूसरी चीज निकालिये और उसके साथ भी यही कीजिये। यह क्रिया तबतक दुहराते जायें, जबतक कि डिब्बा खाली न हो जाये। यह काम खत्म हो जाने पर आपकी सारणी में काँटी के स्तंभ में उतनी लकीरें होंगी, जितनी डिब्बे में काँटियाँ हैं और पेंच के स्तंभ में उतनी लकीरें होंगी, जितने पेंच हैं। अब इन लकीरों को गिन कर योग लिख लेना रहता है।

लकीरों की गिनती को सरल बनाने तथा जल्द करने के लिये उन्हें एक के नीचे एक नहीं बनाते बल्कि चित्र 30 में दर्शायी आकृति में पाँच-पाँच के समूहों में बनाते हैं।

इस तरह के वर्ग जोड़ों में बनाते हैं अर्थात दस लकीरों के बाद ग्यारहवीं लकीर नीचे की दूसरी पंक्ति में डालते हैं। जब दूसरी पंक्ति में भी दो वर्ग (दस लकीरें) हो जायें, तो तीसरी पंक्ति से शुरू करते हैं। लकीरें चित्र 31

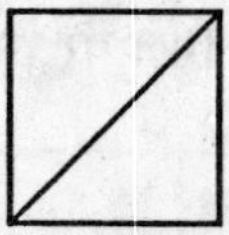

चित्र 30. पाँच-पाँच के समूहों में लकीरें बनानी चाहिये।

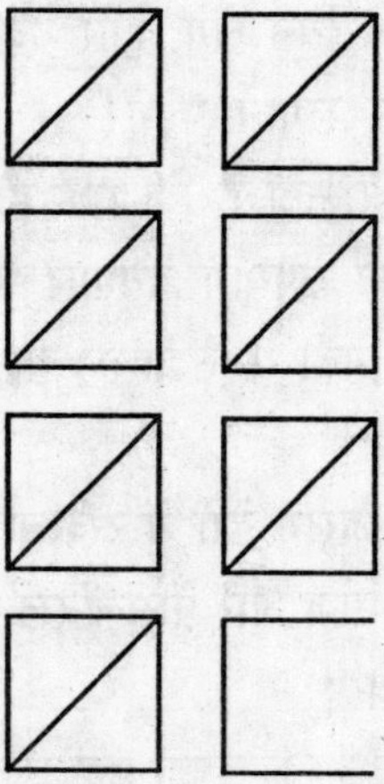

चित्र 31. गणना-फल इस प्रकार लिखे जाते हैं।

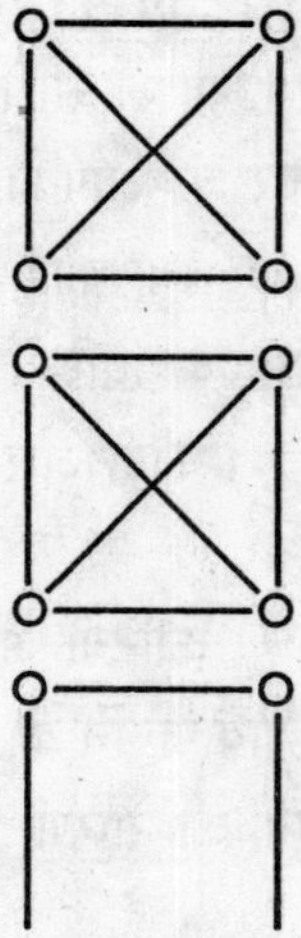

चित्र 32. प्रत्येक पूर्ण वर्ग संख्या 10 द्योतित करता है।

की तरह लगेंगी।

इस प्रकार लगायी गयी लकीरों को गिनना काफी आसान है। अक्सर, उदाहरण के लिये, पूर्ण वर्ग (चित्र 32) जैसी आकृतियों का प्रयोग किया जाता है, जिनमें से प्रत्येक 10 द्योतित करती है। जंगल के किसी भाग में भिन्न वृक्षों की संख्या जानने के लिये सारणी में दो की जगह चार (यदि चार प्रकार के वृक्ष हों) स्तंभ बनाने पड़ेंगे और खड़े स्तंभों की अपेक्षा पड़े स्तंभ, क्षैतिज कतारें अधिक सुविधाजनक होंगी। गिनती के पहले सारणी का रूप चित्र 33 की भाँति होगा।

गिनती के बाद की सारणी चित्र 34 जैसी होगी।

संख्याओं का अंतिम योग प्राप्त करना यहाँ काफी आसान है :

चीड़......................53 बर्च 46

फर......................79 देवदारू....................37

चीड़	
फर	
बर्च	
देवदारू	

चित्र 33. जंगल में पेड़ गिनने के लिये सारणी।

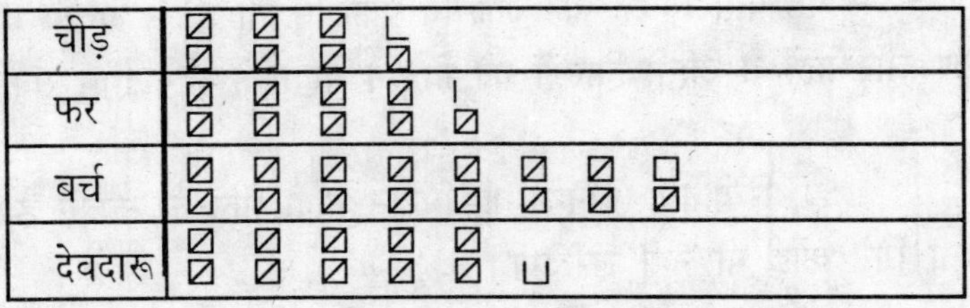

चित्र 34. गणना के बाद सारणी का रूप।

कुकरौंधा	
अकबन	
धतूरा	
भटकोंवा	
कंटेला	

चित्र 35. मैदानी पौधों की गिनती

धुलाई के कपड़ों की सूची गृहस्थिन इसी प्रकार से बना सकती है। इससे श्रम व समय की बचत होगी।

यदि आपको किसी हरे मैदान में विभिन्न पौधों की संख्यायें ज्ञात करने की आवश्यकता पड़े, तो अब आप जानते हैं कि न्यूनतम अवधि में यह कैसे किया जाये। मैदान में पाये जाने वाले पौधों में से प्रत्येक के नाम कागज पर एक-एक स्तंभ बना लेते हैं। कुछ स्तंभ खाली छोड़ दिये जाते हैं–यह उन पौधों के लिये होंगे, जो मैदान में मिल सकते हैं, पर अभी आपको पता नहीं है। गिनती का काम आप चित्र 35 में दिखायी गयी सारणी के साथ शुरू करेंगे।

आगे का काम उसी प्रकार है, जैसे जंगल में वृक्षों को गिनने के लिये।

44. जंगल में पेड़ गिनने की क्या जरूरत है? शहरी लोगों को तो यह बिल्कुल असंभव प्रतीत होता है। ले॰ नि॰ तोल्स्तोय के "आन्ना करेनिना" उपन्यास में कृषि-ज्ञाता लेविन जंगल बेचने की इच्छा रखने वाले, पर इन बातों से अनभिज्ञ, अपने एक रिश्तेदार से पूछता है :

–"तुमने पेड़ गिने?"

–"पेड़ कैसे गिनें?–वह आश्चर्य प्रकट करता है।–"यद्यपि बालू के कण और ग्रहों से आती किरणों को विद्वान बुद्धी के लोग गिन सकते हैं...."

–"हाँ, रिबीनिन (बनिये) की विद्वान बुद्धी गिन ले सकती है। और बिना गिने कोई भी नहीं खरीदेगा।"

जंगल में पेड़ यह निर्धारित करने के लिये गिने जाते हैं कि उससे कितने घनमीटर लकड़ी प्राप्त हो सकती है। पेड़ पूरे जंगल में नहीं गिनते, बल्कि उसके एक निश्चित भाग में गिनते हैं। चौथाई या आधा हेक्टर का एक क्षेत्र चुना जाता है, जिसमें पेड़ों का घनापन, उनके प्रकार, मुटाई और ऊँचाई उस जंगल के लिये औसत हों। निस्संदेह, ऐसे क्षेत्र के चुनाव के लिये अनुभवी निगाह चाहिये। गिनते वक्त सिर्फ पेड़ों के प्रकार को ही ध्यान में नहीं रखते; यह भी देखते हैं कि विभिन्न मुटाइयों (25 से॰ मी॰, 30 से॰ मी॰, 35 से॰ मी॰) के कितने तने हैं। वन-विभाग द्वारा गिनती के लिये बनायी गयी सारणी में हमारी सरल सारणी की तरह सिर्फ चार स्तंभ नहीं होते, बल्कि बहुत सारे होते हैं। आप कल्पना कर सकते हैं कि यदि यहाँ बतायी गयी विधि की बजाय साधारण विधि से गिनना होता, तो कितनी बार पूरे जंगल का चक्कर लगाना पड़ता।

जैसा कि देखते हैं, गिनती सहज और सरल तभी होती है, जब समान वस्तुओं को गिनते हैं। यदि असमान वस्तुओं की संख्यायें ज्ञात करनी होती है, तो यहाँ समझायी गयी विशेष विधि का प्रयोग करते हैं, जिसके अस्तित्व की बहुत से लोग शायद कल्पना भी नहीं करते।

गुप्त-लिपि में पत्र-व्यवहार

57. जाली. भूमिगत क्रांतिकारीयों को अपने कागजात और पत्र इस प्रकार लिखने पड़ते हैं कि कोई दूसरा उसे पढ़ कर कुछ समझ न पाये। इसके लिये लेखन की विशेष विधियाँ हैं, जिसे गुप्त-लेखन (या "क्रिप्टोग्राफी") कहते हैं। गुप्त-लेखन की भिन्न प्रणालियाँ बनायी गयी हैं इनका सहारा सिर्फ भूमिगत क्रांतिकारी ही नहीं लेते। कूटनीतिज्ञ और सैनिक अधिकारी भी राज्य की गोपनीय बातों को गुप्त रखने के लिये इनका उपयोग करते हैं। यहाँ हम गुप्त लेखन की एक विधि बताने जा रहे हैं, जिसे "जाली" की विधि कहते हैं। यह अपेक्षाकृत सरल विधि है और अंकगणित से निकट का संबंध रखती है।

इस विधि से पत्र-व्यवहार करने की इच्छा रखने वालों में से हरेक अपने पास एक जाली रखता है। जाली कागज का बना वर्ग होता है, जिसमें वर्गाकार खिड़कियाँ बनी होती हैं।

जाली का एक नमूना चित्र 41 में दिया गया है। खिड़कियों की स्थिति ऐच्छिक नहीं होती। वे एक निश्चित क्रम में होती हैं, जिसे आप आगे समझ पायेंगे।

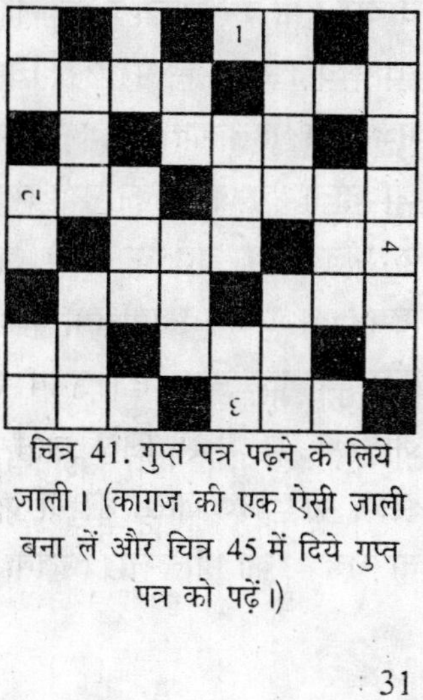

चित्र 41. गुप्त पत्र पढ़ने के लिये जाली। (कागज की एक ऐसी जाली बना लें और चित्र 45 में दिये गुप्त पत्र को पढ़ें।)

माना कि आप अपने मित्र को यह लिख कर भेजना हैं : **आंचलिक पार्टी प्रतिनिधियों की बैठक स्थगित करें। पुलिस को खबर लग चुकी है। साथियों को भी सूचित करें। बैठक की नयी तारीख शीघ्र प्रेषित होगी। आंतोन।**

कागज पर जाली रख कर षड़यंत्रकारी जाली की खिड़कियों में एक-एक कर अक्षर लिखना शुरू करता है।

	आं		च			लि	
				क			
पा		टीं				प्र	
			ति				
	नि				धि		
यों				की			
		बैं				ठ	
			क				स्थ

चित्र 42. जाली हटा लेने पर यह आलेख नजर आयेगा।

चूंकि खिड़कियों की संख्या 16 है तो पहली बार आपकी खबर का सिर्फ एक अंश लिखा जायेगा : **आंचलिक पार्टी प्रतिनिधियों की बैठक स्थ..**

जाली हटाने के बाद कागज पर चित्र 42 की भाँति लेख मिलेगा। अबतक इसमें कुछ भी गुप्त नहीं है : कोई भी समझ सकता है कि क्या बात है। पर यह सिर्फ शुरूआत है; पत्र इसी रूप में नहीं रहेगा। षड़यंत्रकारी अब जाली को कागज पर घड़ी की सुई की दिशा में एक चौथाई घुमा कर रखता है। जाली का स्थान वही रहता है, पर 2 से चिह्नित भुजा, जो पहले बायें थी, और ऊपर आ जाती है। जाली की नयी स्थिति के फलस्वरूप अबतक लिखे अक्षर छिप जाते हैं और खिड़कियों के नीचे कोरा कागज होता है। उनमें अब आगे के 16 अक्षर लिखे जाते हैं। इसके बाद यदि जाली हटायी जाये, तो चित्र 43 की भाँति लेख मिलता है।

	आं	गि	च		त	लि	
			क	क			रें
पा	पु	टीं			लि	प्र	
स			ति	को			ख
	नि	ब			धि	र	
यों			ल	की			
	ग	बै			चु	ठ	की
है			क				स्थ

चित्र 43. इसके बाद अगले अक्षर लिखते हैं।

इस लेख को दूसरा क्या, खुद लिखने वाला नहीं समझ सकेगा, यदि वह भूल जाये कि उसने क्या लिखा था।

पर पत्र अभी अधूरा है : **आंचलिक पार्टी प्रतिनिधियों की बैठक स्थगित करें। पुलिस को खबर लग चुकी है।**...

अब आगे लिखने के लिये जाली को फिर घड़ी की सुई की दिशा में चौथाई घुमाते है। वह पुनः अबतक लिखे अक्षरों को छिपा लेगी और 16 नये रिक्त स्थान देगी। उनमें चंद और शब्दों के लिये जगह मिल जायेगी। उन्हें लिखने के बाद पत्र का रूप चित्र 44 की भाँति हो जायेगा।

सा	आं	गि	च	थि	त	लि	
	यों		क	क	को		रें
पा	पु	र्टी	भी		लि	प्र	सू
स		चि	ति	को		त	ख
	नि	ब		क	धि	र	
यों	रें		ल	की	बै		ठ
	ग	बै	क		चु	ठ	की
है	की		क	न		यी	स्थ

चित्र 44. जाली फिर दूसरी तरह घुमा कर रखनी चाहिये।

अंत में जाली को आखिरी बार घुमाते हैं। भुजा 4 ऊपर आ जाती है। 16 कोरे वर्गों में पत्र के बाँकी शब्द लिखते हैं। चूंकि तीन खाली घर बच
जाते हैं, उन्हें किन्ही क, च, त अक्षरों से भर देते हैं, ताकि पुर्जी में खाली स्थान न हों।

पत्र का रूप चित्र 45 की भाँति होगा।

अब इसमें कुछ पढ़ने की कोशिश करें ! पुलिस के हाथों पत्र पड़ने पर भी कोई डर नहीं है। पुलिसवालों को लाख शक हो कि इसमें कोई महत्त्वपूर्ण सूचना छिपी है, पत्र का सार वही समझ सकता है, जिसके लिये वह लिखा गया है। उसके पास वैसी ही जाली होती है, जिसकी मदद से पत्र लिखा गया था।

सा	आं	गि	च	थि	त	लि	ता
री	यों	ख	क	क	को	शी	रें
पा	पु	र्टी	भी	घ्र	लि	प्र	सू
स	प्रे	चि	ति	को	षि	त	ख
त	नि	ब	हो	क	धि	र	गी
यों	रें	आं	ल	की	बै	तो	ठ
न	ग	बै	क	क	चु	ठा	की
है	की	च	क	न	ट	यी	स्थ

चित्र 45. गुप्त पत्र तैयार है।

पत्र पाने वाला इस गुप्त पत्र को कैसे पढ़ेगा? वह जाली को पत्र पर इस प्रकार रखेगा कि जाली की भुजा 1 ऊपर रहे। खिड़कियों से उसे 16 अक्षर नजर आयेंगे, जिन्हें वह अलग कागज पर उतार लेगा। इसके बाद वह जाली को घुमा देगा-और उसके सामने अगले 16 अक्षर होंगे। चौथी बार घुमाने के बाद सारा पत्र पढ़ा जा चुका होगा।

वर्गाकार जाली की जगह पर पोस्टकार्ड जैसी आयताकार जाली का भी प्रयोग किया जा सकता है। इसके घर भी लम्बे होते हैं (चित्र 46), अतः उनमें अक्षरों की बजाय आप छोटे शब्द भी लिख सकते हैं। यह मत सोचिये कि शब्द लिखने से पत्र पढ़ना सरल हो जायेगा। कुछ शब्द यदि पढ़े भी जाते हों, घबड़ाने की कोई बात नहीं है। शब्दों का क्रम इतना बिगड़ा हुआ है कि रहस्य खुलने की आशंका नहीं है।

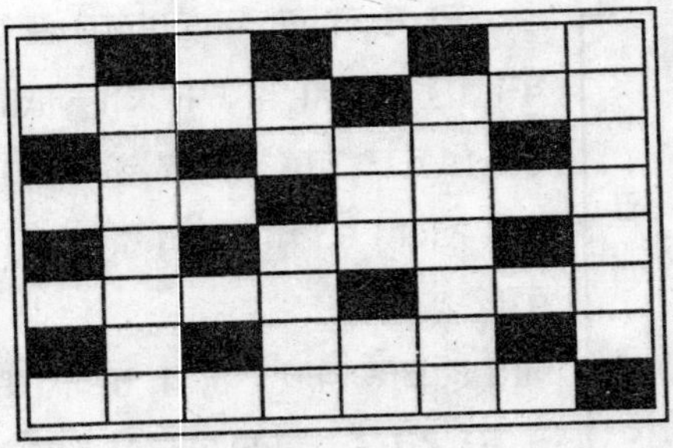

चित्र 46. पोस्टकार्ड के आकार की जाली।

आयताकार जाली कागज पर इस प्रकार रखी जाती है कि पहले उसकी एक भुजा ऊपर रहे, फिर उसके सामने की भुजा ऊपर रहे। इसके बाद उसे पलट कर अन्य दो और स्थितियों में उसका प्रयोग करते हैं। हर नयी स्थिति में जाली पहले लिखे गये अक्षरों व शब्दों को ढक लेती है। यदि एक ही ऐसी जाली संभव होती, तो उसकी सहायता से लिखे गये पत्र में कुछ भी छिपाया नहीं जा सकता। पुलिस के पास वैसी ही एक जाली होती और रहस्य कुछ क्षणों में

1	2	3	4	13	9	5	1
5	6	7	8	14	10	6	2
9	10	11	12	15	11	7	3
13	14	15	16	16	12	8	4
4	8	12	16	16	15	14	13
3	7	11	15	12	11	10	9
2	6	10	14	8	7	6	5
1	5	9	13	4	3	2	1

चित्र 47. इस वर्ग में मिलियार्ड से अधिक गुप्त जालियां हैं।

खुल जाता। पर भिन्न जालियों की संख्या विराट है।

64 घरों वाले वर्ग से बनी सभी संभव जालियाँ चित्र 47 में दिखायी गयी हैं। आप खिड़कियों के लिये कोई भी 16 घर चुन सकते हैं। सिर्फ इस बात का ख्याल रखें कि चुने गये घरों में समान नम्बर वाले दो घर न हों। हमनें जिस जाली का व्यवहार ऊपर के उदाहरण में किया है, उसमें निम्न नम्बर के घर लिये गये हैं :

2, 4, 5
14
9, 11, 7
16
8, 15
3, 12
10, 6
13, 1

आप देखते हैं कि इसमें एक भी संख्या दुहरायी नहीं गयी है।

वर्ग में संख्याओं का क्रम-विन्यास (चित्र 43) समझना कठिन नहीं है। वर्ग को चार छोटे-छोटे वर्गों में बाँट देते है, जिन्हें हम रोमन संख्याओं I, II, III, IV (चित्र 48) द्वारा व्यक्त करेंगे। वर्ग I में घरों का क्रमांकन साधारण क्रम में किया गया है। वर्ग II–वर्ग I ही है, जिसे दायीं दिशा में चौथाई घुमाव दिया गया है। एक चौथाई और घुमाने पर हमें वर्ग III प्राप्त होता है और उसे चौथी बार घुमाने पर वर्ग IV मिलता है।

अब हिसाब कर देखें कि भिन्न जालियों की क्या संख्या हो सकती है।

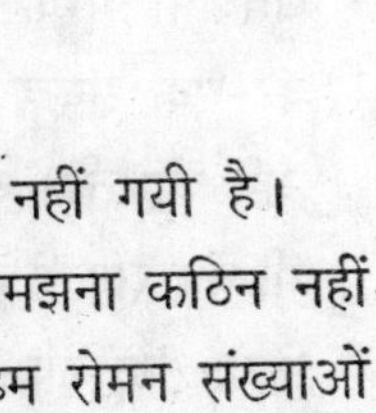

चित्र 48. चित्र 47. का आरेख।

घर No. 1 को 4 जगहों (4 वर्गों) से चुना जा सकता है। उसके चार स्थानों में से किसी के भी साथ घर No. 2 के लिये 4 जगहें चुनी जा सकती है। अतः दो खिड़कियाँ 4 × 4 , अर्थात् 16 तरीकों से चुनी जा सकती हैं। तीन खिड़कियाँ– 4 × 4 × 4 = 16 तरीकों से चुनी जा सकती हैं। इस विचार-क्रम का अनुसरण करते

हुए हम निर्धारित कर सकते हैं कि 16 खिड़कियाँ 4^{16} (16 बार 4 का गुणन) तरीकों से चुनी जा सकती हैं। इस प्रकार 1 अरब से अधिक प्रकार की जालियाँ प्राप्त होती हैं। यदि यह संख्या कुछ अतिशय लगे (बिल्कुल पास-पास खिड़कियाँ चुनना ठीक नहीं रहेगा, अतः ऐसी जालियों को हम छोड़ दें), तो भी भिन्न जालियों की संख्या कुछ करोड़ों से कम नहीं होगी। पत्र पढ़ने के लिये आवश्यक जाली ढूंढ़ना भूसे के ढेर में सूई खोजना होगा।

यदि मान लें अर्थोद् घाटकों का एक दल एक जाली बनाने तथा देखने में कि पत्र का कोई अर्थ निकलता है या नहीं, सिर्फ एक मिनट व्यय करता है तो अर्थोद् घाटन में दसियों करोड़ मिनट लग जायेंगे, पूरी सहस्त्राब्दियाँ बीत जायेंगी। पर यह उसी स्थिति के लिये सही है, जब अर्थोद् घाटन का कार्य हाथ से हो रहा हो। इसी लेखक की "मनोरंजक बीजगणित" पुस्तक में आप द्युतकर्मी परिकलन मशीनों के बारे में पढ़ सकते हैं। ऐसी मशीनें विशेष प्रोग्राम पर एक सेकेंड में हजारों करोड़ों कलन कर सकती है। वे सिर्फ गिनना ही नहीं जानतीं। वे, उदाहरण के लिये, जालियाँ बना-बना कर उनका परीक्षण भी कर सकती हैं कि उनसे अर्थोद् घाटन होता है या नहीं। इसके लिये आपको सिर्फ तदनुरूप प्रोग्राम बनाना पड़ेगा। ऐसे द्युतगणित्रों को जाली के परीक्षण में यदि एक सेकेंड का हजारवाँ अंश व्यय करना पड़ता है, तो कुछ करोड़ जालियों के परीक्षण में उन्हें कुछ लाख सेकेंड, अर्थात कुछ दिन खर्च करने पड़ेंगे। जैसा कि देखते हैं, आधुनिक परिस्थितियों में गुप्त पत्र-व्यवहार की गोपनीयता बनाये रखना कठिन होता जा रहा है।

58. जाली को याद कैसे रखें? मान लें कि गणित्रों द्वारा अर्थोद्घाटन का खतरा नहीं है। पत्र का सिर्फ 2-3 दिन गोपनीय रहना काफी है और इतने कम समय में पत्र पकड़ा और अर्थोद्घाटन के लिये गणित्र-केंद्र में भेजा नहीं जा सकता। षड़यंत्रकारी जाली का प्रयोग करना निश्चय करते है। जाहिर है कि पत्र-व्यवहारक खुद सावधानी बरतेंगे कि पत्र किसी दूसरे के हाथ न लग जाये। बेहतर होगा, यदि जाली अपने पास रखा ही न जाये। वे पत्र मिलने पर उसे बना ले सकते हैं और पढ़ कर उसे नष्ट कर दे सकते हैं। इसके लिये उन्हें जाली को याद रखना होगा। लेकिन खिड़कियों का क्रम याद कैसे

रखा जा सकता है ? यहाँ भी गणित की सहायता ली जा सकती है। खिड़कियों को संख्या 1 से द्योतित करेंगे और अन्य घरों को 0 से। तब जाली के घरों की प्रथम कतार को निम्न विधि से व्यक्त कर सकते हैं

82 = 01010010 =
8 = 0000100 =
162 = 10100010 =
16 = 00010000 =
68 = 01000100 =
136 = 10001000 =
34 = 00100010 =
17 = 00010001 =

चित्र 49. गुप्त जाली का अंकगणित।

(चित्र 49) :

01010010

या, प्रथम शून्य छोड़ देने पर,

1010010

दूसरी कतार, यदि आरंभिक शून्यों को छोड़ दिया जाये, इस प्रकार व्यक्त होगी :

1000

बाकी कतारों का द्योतन निम्न प्रकार से होगा :

10100010	10001000
10000	100010
1000100	10001.

इन संख्याओं का लेखन सरल करने के लिये हम इन्हें दशमलव प्रणाली में, जिसे साधारणतया प्रयोग करते हैं, नहीं मान कर द्विगुन प्रणाली में मानेंगे। इसका अर्थ है कि इकाई अपने दायें की इकाई से दस गुनी बड़ी नहीं हो

कर मात्र दुगुनी बड़ी होगी। अन्तिम इकाई हमेशा की तरह साधारण इकाई द्योत करती है; अन्त में दूसरी इकाई 2, अन्त में तीसरी इकाई 4, अंत से चौथी इकाई 8, अंत से पाँचवीं इकाई 16 आदि द्योत करती हैं। इस तरह पहली कतार व्यक्त करने वाली संख्या 1010010 में निम्न साधारण इकाइयां होंगी :

$$64 + 16 + 2 = 82$$

क्योंकि शून्य तदनुरूप कोटियों पर इकाई की अनुपस्थिति द्योत करते हैं।

संख्या 1000 की जगह (दूसरी कतार में) दशमलव प्रणाली की संख्या 8 लिखेंगे।

बाकी संख्याओं को निम्न में बदलना होगा :

$$128 + 32 + 2 = 162$$
$$16$$
$$64 + 4 = 68$$
$$128 + 8 = 136$$
$$32 + 2 = 34$$
$$16 + 1 = 17$$

82, 8, 162, 16, 68, 136, 34, 17 को याद कर लेना इतना कठिन नहीं है। इनका ज्ञात होने पर हम उन आरंभिक संख्याओं को प्राप्त कर सकते हैं, जिनसे ये बनी हैं और जो जाली को कतारों में खिड़कियों की संख्या इंगित करती हैं।

कैसे यह संभव है? उदाहरण के लिये, पहली संख्या--82-लें। यह देखने के लिये कि उसमें कितनी बार 2 की संख्या है, उसे 2 से विभाजित करेंगे; मिला 41; शेष नहीं है, मतलब कि अंतिम स्थान पर शुन्य है। दुक्के की प्राप्त 41 संख्या को पुनः 2 से विभाजित करेंगे, जिससे हमें उक्त संख्या में चौवों की कुल संख्या मिलेगीः

41 : 2 = 20 शेष 1

इस का अर्थ है कि द्विगुन प्रणाली में 2 की कोटि पर, अर्थात् अंत

से पहले के स्थान पर संख्या 1 होगी।

अब 20 को 2 से विभाजित करें कि हमारी संख्या में कितने 8 हैं, का पता चले :

$$20 : 2 = 10$$

शेष नहीं बचता। अर्थात् 4 की कोटि पर शून्य होगा।

10 में 2 से भाग देंगे; मिलेगा बिना शेष के 5; 8 की कोटि पर शून्य होगा।

5 में 2 से भाग देने पर 2 भागफल मिलता है और 1 शेष बचता है : 16 की कोटि पर 1 होगा। अंत में 2 में 2 से भाग देकर ज्ञात करते हैं कि अगली कोटि में शून्य होगा और अंतिम कोटि में (यह 64 की कोटि है) 1 होगा।

इस प्रकार इष्ट संख्या के सभी अंक ज्ञात हो जाते हैं :

1010010

चूंकि इसमें अंकों की संख्या सिर्फ 7 है और जाली की हर कतार में 8 घर होते हैं, स्पष्ट है कि शुरू का शून्य छोड़ा गया था। अतः कतार में खिड़कियों का क्रम निम्न अंकों द्वारा व्यक्त होगा :

01010010

अर्थात् खिड़कियाँ दूसरे, चौथे तथा सातवें स्थानों पर होंगी।

जैसा कि कहा गया था, गुप्त लेखन की असंख्य प्रणालियाँ हैं। हमने जाली का अध्ययन किया, क्योंकि यह गणित के साथ निकट संपर्क रखती है और इस बात का अतिरिक्त प्रमाण देती है कि जीवन के असंख्य पक्ष हैं, जिनमें गणित सहायक हो सकता है।

दैत्य-संख्यायें

59. मुनाफे का सौदा. कब यह घटना घटी थी-पता नहीं। हो सकता है कि कभी घटी ही न हो। इसकी संभावना अधिक है। पर सच हो या झूठ, कहानी इतनी मनोरंजक जरूर है कि उसे सुना जा सके।

1.

एक करोड़पति जब परदेस से घर लौटा, तो काफी खुश था। रास्ते में उसे एक आदमी मिला था, जिससे उसे बड़े लाभ की आशा थी।

"ऐसा भी संयोग होता है,–घर आ कर उसने बताया। –यूं ही नहीं कहते कि पैसों के पीछे पैसा भागता है। मेरे पैसों के पीछे भी पैसे भागने वाले हैं। किसने उम्मीद की थी! राह में मुझे एक अपरिचित मिला। देखने में साधारण-सा था। मैं उससे बात भी नहीं करता, पर जैसे ही उसे पता चला कि मैं पैसों वाला हूँ, खुद बातें शुरू कर दी। और बात-चीत के अंत में ऐसा मुनाफे का धंधा बताया कि मैं आवाक रह गया।

–एक सौदा, –कहता है, – तुम्हारे साथ तय करते हैं। मैं महीने भर हर दिन तुम्हे एक लाख रूबल दिया करूँगा। मुफ्त में नहीं, पर कीमत तुम्हारे लिये बिल्कुल साधारण होगी। –शर्त्त के मुताबिक, पहले दिन मैं उसे, –कहने में हँसी भी आती है, –सिर्फ एक कोपेक दूँगा।

मुझे अपने कानों पर विश्वास नहीं हुआ :

—एक कोपेक? —मैं फिर से पूछता हूँ।

—एक कोपेक, —वह कहता है। —दूसरे दिन दूसरे लाख के लिये दो कोपेक दोगे।

—और आगे क्या होगा? —मैं धैर्य खो रहा था।

—आगे यह होगा : तीसरे लाख के लिये 4 कोपेक दोगे, चौथे लाख के लिये 8, पाँचवे के लिये 16। इसी तरह से पूरा महीना हर दिन पिछले दिन से दुगुना कोपेक दिया करोगे।

—और इसके बाद? —मैं पूछता हूँ।

—बस, —वह कहता है, —और कुछ नहीं चाहिये मुझे। सिर्फ बात पक्की होनी चाहिये : हर सुबह मैं एक लाख रूबल लाया करूँगा और तुम मुझे वह दोगे, जो हम तय कर चुके हैं। महीने से पहले सौदा नहीं टूटना चाहिये।

चंद कोपेक के लिये लाखों दे रहा है! यदि नोट जाली नहीं है, तो आदमी सिर-फिरा है। पर सौदा मुनाफे का है, छोड़ना नहीं चाहिये।

—ठीक है, —मैं उससे कहता हूँ। —तुम अपने लाख लाया करो। अपनी ओर से मैं सही भुगतान किया करूँगा। पर तुम मुझे धोखा मत देना; असली नोट लाना।

—चिंता मत करो, —वह कहता है, —कल सुबह आऊँगा।

सिर्फ एक बात का डर है : यदि नहीं आया तो? कहीं समझ न जाय कि उसके लिये यह बहुत घाटे का सौदा है। खैर, कल सुबह तक इंतजार करना बड़ी बात नहीं है।

2.

दिन बीता। सवेरे-सवेरे किसी ने खिड़की खटखटायी। यह वही अपरिचित था, जिससे करोड़पति रास्ते में मिला था।

—पैसे निकालो, —उसने कहा। —मैं अपना ले आया हूँ।

और सचमुच में वह अजीब आदमी कमरे में आ कर पैसे निकालने लगा। नोट असली थे, जाली नहीं। उसने ठीक एक लाख गिन कर टेबुल

पर रख दिये और कहा :

चित्र 50. "एक लाख टपक पड़े हैं आकाश से !"

--मैं शर्त्त के मुताबिक ले आया हूँ। अब तुम्हारी बारी है भुगतान करने की।

करोड़पति ने टेबुल पर तांबे के एक कोपेक का सिक्का रख दिया और प्रतीक्षा करने लगा। उसे डर था कि कहीं मेहमान सिक्के को देख कर अपने रूबल वापस न मांगने लगे। अपरिचित ने सिक्के को हाथों में उलट-पलट कर देखा, तौला और बटुए में रख लिया।

—कल इसी समय इंतजार करना। और हाँ, दो कोपेक का बंदोबस्त करना मत भूल जाना, —उसने कहा और चला गया।

करोड़पति को अपनी खुशनसीबी पर विश्वास नहीं हो रहा था : एक लाख रूबल छप्पर फाड़ कर आकाश से गिरे हैं ! उसने फिर से रूबल गिने, भली-भाँति जाँचा-जाली तो नहीं है। सब ठीक था। उसने पैसे छिपा कर रख दिये। अब वह बैचैनी से अगली सुबह का इंतजार कर रहा था।

रात को उसे संदेह होने लगा : कहीं वो डकैत तो नहीं है। बेवकूफ के रूप में आता है। शायद देखने के लिये कि मैं पैसे कहाँ छिपा कर रखता हूँ। इसके बाद एक दिन अपने दोस्तों के साथ आ धमकेगा !

करोड़पति ने दरवाजा अच्छी तरह बंद कर लिया। शाम से डर के मारे कान लगाये खिड़की से झाँकना शुरू कर दिया। रात भर नींद नहीं आयी।

सुबह खिड़की पर खटखटाहट हुई; अपरिचित पैसों के साथ हाजिर था। उसने एक लाख गिन कर रख दिये, अपने दो कोपेक प्राप्त किये और सिक्कों को बटुए में छिपा कर चलता बना। जाते वक्त उसने कहा :

—कल चार कोपेक का बंदोबस्त करना मत भूलना।

करोड़पति फिर खुश था : दो लाख मुफ्त में मिल गये। मेहमान डकैत नहीं लगता था : कोई ताक-झाँक नहीं की उसने; सिर्फ अपने कोपेकों की मांग की। सनकी है ! दुनिया में और भी ऐसे लोग होते, तो समझदार लोगों का जीवन सुधर जाता।

अजनबी तीसरे दिन भी आया और करोड़पति को तीसरा लाख 4 कोपेक में दे गया।

एक दिन और बीता। और चौथा लाख आठ कोपेक में मिल गया।

पाँचवा लाख भी मिला—16 कोपेक में।

इसके बाद छठा—32 कोपेक में।

सात दिनों में करोड़पति ने सात लाख रूबल प्राप्त किये और इसके लिये उसने अदा किया सिर्फ 1 कोपेक + 2 कोपेक + 4 कोपेक + 8 कोपेक + 16 कोपेक + 32 कोपेक + 64 कोपेक = 1 रूबल 27 कोपेक।

कंजूस करोड़पति को यह बहुत पसंद आया। उसे अफसोस होने लगा कि उसने दो महीनों का सौदा क्यों नहीं किया। अब तीस लाख से अधिक उसे नहीं मिलेंगे। 15 दिन भी और होते तो अच्छा था। इस सनकी से अवधि बढ़ाने के लिये कहा जाये? कहीं समझ न जाये कि मुफ्त में पैसे दे रहा है....।

अपरिचित हर सुबुह अपने एक लाख रूबल के साथ नियत समय पर आ जाया करता था। आठवें दिन उसे 1 रूबल 28 कोपेक मिले, नवें दिन—2 रूबल 56 कोपेक, 10वें दिन—5 रूबल 12 कोपेक, 11वें दिन—10 रूबल 24 कोपेक, 12वें दिन—20 रूबल 48 कोपेक, 13वें दिन—40 रूबल 96 कोपेक और 14वें दिन—81 रूबल 92 कोपेक।

करोड़पति बिना हिचकिचाहट के ये पैसे दे दिया करता था : आखिर उसे 14 लाख रूबल मिल चुके थे ! और उसे सिर्फ डेढ़ सौ के करोब रूबल देने पड़े थे।

पर करोड़पति की खुशियाली अधिक दिनों तक नहीं टिकी रही : अब वह समझने लगा कि उसका सनकी मेहमान कोई बेवकूफ नहीं है और सौदा इतना लाभप्रद नहीं है, जितना शुरू में लग रहा था। 15 दिनों बाद उसे कोपेक नहीं देने पड़ रहे थे। अब भुगतान सैकड़ों रूबलों में हो रहा था और अदायगी की राशि भयानक गति से बढ़ रही थी। महीने के दूसरे पक्ष में करोड़पति ने चुकता किया :

15-वें लाख के लिये ....163 रूबल 84 कोपेक,
16-वें लाख के लिये ....327 रूबल 68 कोपेक,
17-वें लाख के लिये ....655 रूबल 36 कोपेक,
18-वें लाख के लिये ....1310 रूबल 72 कोपेक,
19-वें लाख के लिये ....2621 रूबल 44 कोपेक।

जो भी हो, करोड़पति अपने को कोई घाटे में महसूस नहीं कर रहा था : उसे कुल पाँच हजार से कुछ अधिक देने पड़े थे और उसने प्राप्त किये 18 लाख रूबल।

पर मुनाफा दिन-प्रतिदिन घट रहा था और बहुत ही तेजी से घट रहा था।

आगे के भुगतान इस प्रकार हैं :

20-वें लाख के लिये ....5242 रूबल 88 कोपेक,
21-वें लाख के लिये ....10485 रूबल 76 कोपेक,
22-वें लाख के लिये ....20971 रूबल 52 कोपेक,
23-वें लाख के लिये ....41943 रूबल 04 कोपेक,
24-वें लाख के लिये ....83886 रूबल 08 कोपेक,
25-वें लाख के लिये ....167772 रूबल 16 कोपेक,
26-वें लाख के लिये ....335544 रूबल 32 कोपेक,
27-वें लाख के लिये ....671088 रूबल 64 कोपेक।

जितना मिलता था, उससे कहीं अधिक भुगतान करना पड़ रहा था। यहाँ रूक जाना अच्छा होता, पर सौदा तोड़ा नहीं जा सकता था।

आगे स्थिति और बिगड़ती गयी। करोड़पति काफी देर से समझा कि अजनबी ने उसे क्रूरता के साथ धोखा दिया है : वह जितना देता है, उससे कई गुना अधिक पायेगा.....

28-वें दिन से करोड़पति लाखों में भुगतान कर रहा था। आखिरी दो दिनों ने उसे पूरा दिवालिया बना दिया। ये रहीं भुगतान की वे विशाल राशियाँ :

28-वें लाख के लिये .... 1342177 रूबल 28 कोपेक,

29-वें लाख के लिये .... 2684354 रूबल 56 कोपेक,

30-वें लाख के लिये .... 5368709 रूबल 12 कोपेक।

जब आखिरी बार मेहमान ने विदा ली, करोड़पति ने हिसाब लगाना शुरू किया कि "मुफ्त" में मिलने वाले 30 लाख के लिये उसे कितने पैसे अदा करने पड़े। पता चला कि अजनबी ने प्राप्त किये :

10 737 418 रूबल 23 कोपेक।

करीब 107 लाख ! .... और यह शुरू हुआ था सिर्फ एक कोपेक से। अपरिचित यदि 3 लाख भी प्रतिदिन देता, घाटे में नहीं रहता।

3.

यह कहानी खत्म करने के पहले हम देख लें कि करोड़पति के नुकसान का हिसाब शीघ्र कैसे प्राप्त किया जा सकता है, अर्थात् दूसरे शब्दों, न्यूनतम समय में निम्न संख्या-क्रम का योगफल कैसे प्राप्त किया जा सकता है :

$1 + 2 + 4 + 8 + 16 + 32 + 64 +$ आदि।

इन संख्याओं की एक विशेषता इस प्रकार है :

$$1 = 1$$

$$2 = 1 + 1$$

$$4 = (1 + 2) + 1$$

$$8 = (1 + 2 + 4) + 1$$

$$16 = (1 + 2 + 4 + 8) + 1$$
$$32 = (1 + 2 + 4 + 8 + 16) + 1 \text{ आदि।}$$

हम देखते हैं कि क्रम की हर संख्या अपनी पिछली सभी संख्याओं के कुल योग से इकाई अधिक है। अतः जब आरंभ से किसी संख्या तक (उदाहरण के लिये 1 से 32768 तक) के संख्या-क्रम का योग ज्ञात करना हो, तो यह होगा : 32768 से पहले तक की संख्याओं का योग, अर्थात् इस संख्या में इकाई कम (32768 – 1) की संख्या, और इस संख्या (32768) का योग। उत्तर होगा : 65535।

इस तरीके से कंजूस करोड़पति के नुकसान का बहुत जल्द हिसाब लगाया जा सकता है, यदि हम जान जायें कि आखिरी दिन उसने कितना भुगतान किया था। आखिरी भुगतान था : 5 368 709 रूबल 12 कोपेक।

अतः कुल भुगतान (5 368 709 12 – 1) + (5 368 709 12) कोपेक = 10 737 418 रूबल 23 कोपेक।

60. शहर में अफवाह. आश्चर्य होता है कि शहर में अफवाहें कितनी जल्दी फैलती हैं। कभी-कभी किसी बात के दो घंटे भी नहीं बीतते और उसकी खबर सारे शहर को हो जाती है। जिस घटना क चंद गवाह थे, उसका ज्ञान जल्द ही पूरे शहर को हो जाता है। यह असाधारण गति आश्चर्यजनक और रहस्यमय लगती है।

पर यदि हिसाब लगाना शुरू करें, तो स्पष्ट हो जायेगा कि इसमें कोई जादू की बात नहीं है : यह संख्याओं की विशेषताओं का फल है, अफवाह के किसी गुण-धर्म का नहीं।

उदाहरण के लिये एक अफवाह का प्रसारण देखें।

1.

एक छोटे शहर में, जिसकी जनसंख्या 50 हजार है, एक व्यक्ति 8 बजे सुबह राजधानी से कोई खबर लाता है और जहाँ वह रुकता है, सिर्फ तीन स्थानीय व्यक्तियों को बताता है। मान लें कि इसमें 15 मिनट लगे।

इस प्रकार सवा आठ बजे शहर में यह खबर सिर्फ चार व्यक्ति जानते

थे : आगन्तुक और तीन स्थानीय लोग।

जानने के बाद तीनों में से प्रत्येक तीन-तीन अन्य लोगों को बताने चल पड़ते हैं। इसमें भी 15 मिनट लगते हैं। अर्थात् आधे घंटे में खबर 4 + (3 × 3) = 13 व्यक्ति जान लेते हैं।

चित्र 51. अफवाह का फैलना।

अगले 15 मिनटों में ये नौ नये व्यक्ति अपने तीन-तीन मित्रों तक उक्त खबर पहुँचाने में सफल हो जाते हैं। अतः पौने नौ बजे खबर का ज्ञान

13 + (3 × 9) = 40 लोगों को हो जाता है।

यदि खबर इसी गति से शहर में फैलती जाये, अर्थात् हर व्यक्ति उसे सुनने के बाद 15 मिनटों में अपने तीन परिचितों को बता दे, तो खबर के प्रसार का काल-क्रम निम्न होगा :

9 बजे खबर जानते हैं 40 + (3 × 27) = 121 व्यक्ति,

$9\frac{1}{4}$ बजे खबर जानते हैं 121 + (3 × 81) = 364 व्यक्ति,

$9\frac{1}{2}$ बजे खबर जानते हैं 364 + (3 × 243) = 1093 व्यक्ति।

इस प्रकार, शहर में खबर आने के डेढ़ घंटे बाद उसे लगभग 1100 व्यक्ति जान लेते हैं। 50 000 की जनसंख्या वाले शहर के लिये यह संख्या कुछ अधिक नहीं लगती। आप सोचते होंगे कि जब तक सब लोग इसे जान जायेंगे, काफी अधिक समय बीत जायेगा। पर देखें, आगे बात कैसे फैलती है :

$9\frac{3}{4}$ बजे खबर जानते हैं 1093 + (3 × 729) = 3280 व्यक्ति,

10 बजे खबर जानते हैं 3280 + (3 × 2187) = 9841 व्यक्ति,

15 मिनट और बीतने पर आधे से अधिक लोग जान जायेंगे :

9841 + (3 × 6561) = 29524

इसका अर्थ है कि साढ़े दस के कुछ पहले शहर का हर व्यक्ति इस खबर को जान लेगा, जो आठ बजे सिर्फ 1 व्यक्ति को ज्ञात थी।

2.

अब देखें कि उपरोक्त गणना किस प्रकार की गयी है।

सारतः हमें निम्न संख्या-क्रम का योग प्राप्त करना पड़ा है :

1 + 3 + (3 × 3) + (3 × 3 × 3) + (3 × 3 × 3 × 3) + आदि।

योगफल जानने की वैसी कोई संक्षिप्त विधि है या नहीं, जिसकी सहायता से हमने संख्या-क्रम 1 + 2 + 4 + 8 + 16 + आदि का योगफल प्राप्त किया था? ऐसी विधि प्राप्त की जा सकती है, यदि हम योज्य संख्याओं की निम्न विशेषता पर विचार करें :

1 = 1

3 = 1 × 2 + 1

9 = (1 + 3) × 2 + 1

27 = (1 + 3 + 9) × 2 + 1

81 = (1 + 3 + 9 + 27) × 2 + 1 आदि।

दूसरे शब्दों में : क्रम की हर संख्या अपनी सभी पिछली संख्याओं के योग के दुगुने से इकाई अधिक है।

निष्कर्ष यह है कि 1 से किसी संख्या तक इस क्रम का योग ज्ञात करने के लिये इसी संख्या में इससे इकाई क्रम संख्या का आधा जोड़ देना पर्याप्त रहेगा।

उदाहरण के लिये,

1 + 3 + 9 + 27 + 81 + 243 + 729

क्रम का योग – $729 + \frac{729-1}{2} = 729 + 364 = 1093$ होगा।

3.

हमारे उदाहरण में प्रत्येक नगर-निवासी खबर सिर्फ तीन लोगों तक पहुँचाता है। यदि निवासी अधिक गपोड़ होते और तीन की बजाय पाँच व्यक्तियों को खबर सुनाते तो श्रुति और भी जल्द फैल गयी होती।

पाँच लोगों तक खबर पहुँचाने की स्थिति में श्रुति-प्रसारण का काल-क्रम निम्न होता :

8 बजे .... = 1 व्यक्ति,

$8\frac{1}{4}$ बजे .... 1 + 5 = 6 व्यक्ति,

$8\frac{1}{2}$ बजे .... 6 + (5 × 5) = 31 व्यक्ति,

$8\frac{3}{4}$ बजे .... 31 + (25 × 5) = 156 व्यक्ति,

9 बजे .... 156 + (125 × 5) = 781 व्यक्ति,

$9\frac{1}{4}$ बजे .... 781 + (625 × 5) = 3906 व्यक्ति,

$9\frac{1}{2}$ बजे .... 3906 + (3125 × 5) = 19531 व्यक्ति।

सुबह पौने दस बजे से कुछ पहले ही खबर नगर के 50000 लोगों को ज्ञात हो जायेगी।

श्रुति-प्रसारण और भी जल्द होता, यदि हर व्यक्ति 10 अन्य लोगों को खबर सुनाता। इस हालत में हम निम्न शीघ्र बढ़ने वाला, द्रुत-वर्धक संख्या-क्रम प्राप्त करते :

8 बजे .... = 1,

$8\frac{1}{4}$ बजे .... 1 + 10 = 11,

$8\frac{1}{2}$ बजे .... 11 + 100 = 111,

$8\frac{3}{4}$ बजे .... 111 + 1000 = 1111,

9 बजे .... 1111 + 10000 = 11111.

स्पष्ट है कि अगली संख्या 111 111 होगी। अर्थात् सारा शहर 10 बजे के कुछ ही बाद समाचार से अवगत हो जायेगा। श्रुति लगभग एक घंटे में प्रसारित हो जाती है।

61. सस्ती सायकिलों का हिमधाव. क्रांति-पूर्व हमारे यहाँ और विदेशों में, जहाँ शायद अब भी हैं, ऐसे व्यापारी होते थे, जो अपना खराब माल बेचने के लिये अक्सर नयी-नयी तिकड़में निकाला करते थे। शुरू करते थे अखबारों और पत्रिकाओं में विज्ञापनों से। ऐसा एक विज्ञापन हम उदाहरण के लिये प्रस्तुत करते हैं :

10 रूबल में सायकिल !

मात्र 10 रूबल खर्च कर हर आदमी
एक सायकिल का मालिक
बन सकता है !
50 रूबल की जगह 10 रूबल !
खरीद की शर्तें मुफ्त भेजी जाती हैं।

निस्संदेह, बहुत से लोग इस आकर्षक विज्ञापन के लालच में पड़ कर इस असाधारण खरीद की शर्तें मांगने लगते थे। उत्तर में उन्हें एक परिचय-पत्र भेजा जाता था, जिससे निम्न बातें ज्ञात होती थीं।

10 रूबल में सायकिल नहीं, बल्कि 4 टिकटें भेजे जाते थे। इन्हें 10 रूबल की दर से अपने परिचितों के बीच बेचना पड़ता था। प्राप्त 40 रूबल उक्त कंपनी को भेजना पड़ता था और तब वहाँ से सायकिल आती थी। अर्थात् खरीददार ने सचमुच अपनी जेब से सिर्फ 10 रूबल खर्च किये। बाकी 40 रूबल उसकी जेब के नहीं होते थे। यह सच है कि टिकटें बेचने के लिये उसे कुछ भाग-दौड़ करनी पड़ती थी, पर यह श्रम नगण्य था और वह इस पर ध्यान नहीं देता था।

यह टिकट किस लिये था? 10 रूबल देकर उसे खरीदने वाले को क्या लाभ होता था? इस टिकट के बदले में कंपनी से और आगे प्रसारण के लिये पाँच और टिकट मिलते थे; दूसरे शब्दों में, टिकट खरीदने वाले को सायकिल के लिये 50 रूबल एकत्र करने का अवसर दिया जाता था। टिकटें बेच कर प्राप्त पैसे जमा करने पर उसे सायकिल मिलती थी, जिसके लिये अपनी जेब से उसे 10 रूबल ही खर्च करने पड़े थे। टिकटों के नये खरीददार कंपनी से

पुनः पाँच-पाँच टिकटें प्राप्त करते थे।

यदि सरसरी निगाह से देखें तो इसमें कोई धोखा नजर नहीं आता। विज्ञापन का दावा पूरा हो जाता था : सायकिल सचमुच सिर्फ 10 रूबल में मिल जाती थी। और कंपनी को भी घाटा नहीं था,–वह अपने माल की पूरी कीमत वसूल कर लेती थी। फिर भी कोई शक नहीं कि यह एक धोखेबाजी थी। हमारे यहाँ इस ठगी को "हिमधाव" का नाम दिया गया था। हिमधाव में भाग लेने वाले असंख्य लोग, जो अपने टिकट नहीं बेच पाते थे, घाटे में रहते थे। दर असल यही वे लोग थे, जो 10 रूबल में खरीदी गयी सायकिलों की बाकी कीमत अदा करते थे। कभी न कभी वह क्षण आ ही जाता था, जब लोग अपने टिकटों के लिये खरीददार नहीं ढूंढ पाते थे। आप यह समझ जायेंगे, यदि कागज-पेंसिल के साथ बैठ कर देखें कि हिमधाव में भाग लेने वाले लोगों की संख्या कितनी तेजी से बढ़ती है।

खरीददारों का पहला समूह, जो सीधे कंपनी से टिकटें प्राप्त करता है, उन्हें आसानी से बेच लेता है। इस समूह में से प्रत्येक व्यक्ति अपने टिकट चार अन्य व्यक्तियों के हाथ सुपुर्द करता है।

ये चार व्यक्ति अपने टिकट 4×5, अर्थात् 20 अन्य व्यक्तियों को बेचेंगे। माना कि 20 खरीददार मिल जाते हैं।

हिमधाव आगे बढ़ता है : टिकटों के 20 नये खरीददार $20 \times 5 = 100$ अन्य व्यक्तियों को टिकटें बेचेंगे। शुरू से अब तक हिमधाव में $1 + 4 + 20 + 100 = 125$ व्यक्ति खिंच चुके हैं। इनमें से 25 लोग सायकिल प्राप्त कर चुके हैं और बाकी लोग आशा कर रहे हैं। यह आशा उन्हें 10 रूबल में मिली है।

अब हिमधाव परिचितों के दायरे से निकल कर शहर में फैलता है, पर यहाँ टिकट के नये खरीददारों को ढूंढ़ना कठिन होता जाता है। ये आखिरी सौ व्यक्ति 500 लोगों को टिकट बेचेंगे और ये 500 व्यक्ति 2500 नये शिकार की खोज में निकलेंगे। शहर जल्द ही टिकटों की बाढ़ से ग्रस्त हो जाता है और उनके नये खरीददारों को ढूंढ़ना असंभव सा हो जाता है।

आप देखते है कि हिमधाव की चपेट में आये लोगों की संख्या का

वर्धन उन्हीं नियमों के अनुसार होता है, जिनके बारे में हम श्रुति-प्रसारण के अध्ययन के वक्त बातें कर रहे थे। हिमधावन की स्थिति में हमें संख्याओं का निम्न पिरामिड मिलता है :

1

4

20

100

500

2500

12500

62500

यदि शहर बड़ा है और इसमें सायकिल पर चढ़ सकने वाले लोगों की संख्या $62\frac{1}{2}$ हजार है, जो 8 वें दौर पर हिमधाव का ह्रास हो जाना चाहिये। सब उसकी चपेट में आ जायेंगे। पर सायकिल सिर्फ पाँचवे भाग लोगों के पास होगी। बाकी $\frac{4}{5}$ लोगों के पास सिर्फ टिकट होंगे, जिन्हें अब बेचा नहीं जा सकता।

अधिक जनसंख्या वाले शहर में, या किसी आधुनिक राजधानी में, जिसमें निवासियों की संख्या करोड़ों तक पहुँचती है, संतृप्ति का क्षण चंद ही और दौरों के बाद आ सकता है। संख्याओं के हमारे पिरामिड की अगली सीढ़ियाँ इस प्रकार हैं :

312500

1562500

7812500

39062500

जैसा कि देखते हैं, 12वें दौर पर हिमधाव की चपेट में एक पूरा राज्य आ सकता है और इसकी जनसंख्या का $\frac{4}{5}$ भाग धोखा खायेगा।

अब देखें कि कंपनी हिमधाव के माध्यम से क्या करती है। वह $\frac{4}{5}$

नेवासियों को बाकी $\frac{1}{5}$ निवासियों द्वारा खरीदे गये माल की कीमत चुकता करने को विवश करती है। दूसरे शब्दों में, वह चार नागरिकों को पाँचवे की संपत्ति बढ़ाने पर विवश करती है। इसके अतिरिक्त, उसे माल बेचने के लिये अनगिनत एजेंट मुफ्त में मिल जाते हैं। हमारे लेखकों में से एक ने इस धोखे का बिल्कुल उपयुक्त नाम दिया है : "परस्पर धोखे का हिमधाव"।* ऐसे धंधों के पीछे दैत्य-संख्यायें छिपी होती हैं। वे उन लोगों को दंडित करती हैं, जो धोखेबाजों से अपने हितों को सुरक्षित रखने के लिये अंकगणित का प्रयोग करना नहीं जानते।

62. इनाम. किंवदंती के अनुसार घटना शताब्दियों पूर्व प्राचीन रोम में घटी थी।**

1.

सम्राट की आज्ञा से सेनापति तेरेंसी ने देशों की विजय-यात्रा पूरी की और अपार धन-राशि के साथ रोम लौटा। राजधानी में आते ही उसने सम्राट से मिलने की आज्ञा मांगी।

सम्राट ने प्रेम से उसका सत्कार किया, उसकी युद्ध-सेवाओं के लिये धन्यवाद दिया और इनाम के रूप में उसे सीनेट में उच्च स्थान देने का वचन दिया।

पर तेरेंसी को यह नहीं चाहिये था। उसने इन्कार करते हुए कहा :

—जहाँपनाह, तुम्हारे राज्य की शक्ति बढ़ाने तथा तुम्हारा यश फैलाने के लिये मैंने अनगिनत लड़ाइयाँ लड़ी और विजय प्राप्त किये। मैं मरने से नहीं डरता। यदि मेरे पास एक नहीं अनेक जीवन होते, मैं सब तुम्हारे लिये न्योछावर कर देता। पर मैं युद्ध से थक गया हूँ। यौवन ढल चुका है और धमनियों में रक्त की गति मंद हो गयी है। अब समय आ गया है, जब अपने

* ई॰ इ॰ यासींसकी।

** इंगलैंड के एक व्यक्तिगत पुस्तकालय में प्राप्त एक पुरानी लैटिन हस्तलिपि का यह स्वतंत्र पुनर्कथन है।

पितामहों के घर में विश्राम किया जाय और गृहस्थ जीवन का आनंद लिया जाये।

—तुम्हें क्या चाहिये, तेरेंसी? —सम्राट ने पूछा।

—अभयदान करें, महाराज ! युद्ध-जीवन की लम्बी अवधि में अपनी तलवार से शत्रुओं का रक्त बहाने में लीन मैं अपने लिये कोई धन-संचय नहीं कर पाया। मैं निर्धन हूं, महाराज......

—बोलो, बहादूर तेरेंसी।

—अपने इस नम्र सेवक को यदि तुम इनाम देना चाहते हो, —सेनापति ने कहा, —तो तुम्हारी दयालुता से मैं अपने बाकी दिन घर में चैन से बिताना चाहुँगा। मुझे मान नहीं चाहिये, सर्वशक्ति संपन्न सीनेट में स्थान नहीं चाहिये। मैं राज्य-शक्ति और सामाजिक जीवन से दूर होना चाहता हूँ, ताकि निश्चिंत विश्राम कर सकूं। महाराज, मुझे बाकी दिन गुजारने के लिये धन चाहिये।

सम्राट, किंवदंती कहती है, कंजूस था। वह अपने लिये धन जमा करता था और दूसरों पर बहुत कंजूसी से खर्च करता था। सेनापति की प्रार्थना से वह सोच में पड़ गया।

—कितना धन चाहिये तुम्हें? —उसने पूछा।

—दस लाख दीनार, महाराज।

सम्राट फिर सोच में डूब गया। सेनापति सर झुकाये प्रतीक्षा करता रहा।

अंततोगत्वा, सम्राट ने कहना शुरू किया :

—पराक्रमी तेरेंसी ! तुम महान योद्धा हो और तुम्हारे वीरतापूर्ण कार्यों के लिये तुम्हें उदार पारितोषिक मिलने चाहिये। कल दोपहर यहाँ तुम मेरा निर्णय सुनोगे।

2.

दूसरे दिन उक्त समय पर सेनापति दरबार में उपस्थित हुआ।

—नमस्कार तुम्हें, बहादुर तेरेंसी ! – सम्राट ने कहा।

तेरेंसी ने नम्रतापूर्वक सर झुका कर कहा :

—मैं तुम्हारा निर्णय सुनने आया हूँ, महाराज। तुमने उदार हृदय से

इनाम देने का वचन दिया था।

—मैं नहीं चाहता कि इतने महान योद्धा को इतनी छोटी राशि इनाम में दी जाये। मेरे वचन सुनो। मेरे खजाने में 50 लाख ब्रास* हैं। अब ध्यानपूर्वक सुनो। तुम खजाने में जाओगे और वहाँ से एक ब्रास लाकर मेरे पैरों के पास रख दोगे। दूसरे दिन पुनः खजाने में जाओगे और पहले सिक्के से दुगुना बड़ा सिक्का लाकर मेरे पैरों के पास रखोगे। तीसरे दिन 4 ब्रास के तुल्य सिक्का लोगे, चौथे दिन 8 ब्रास के तुल्य, पाँचवे दिन 16 ब्रास के तुल्य। तुम्हारा सिक्का हर दिन पिछले दिन से दुगुना बड़ा होगा। मैं आज्ञा देता हूं कि खजाने में प्रतिदिन तुम्हारे लिये आवश्यक मूल्य का सिक्का रखा रहे। जब तक तुममें शक्ति है, तुम खजाने से सिक्के ले जाया करोगे। दूसरा कोई इसमें तुम्हारी सहायता न करे। जब तुम देखोगे कि खुद नहीं उठा सकते, छोड़ दोगे। हमारा समझौता टूट जायेगा। पर जो सिक्के तुम मेरे पैरों तक ला चुके होगे, तुम्हारे पास रहें वे ही तुम्हारा इनाम होंगे।

तेरेंसी हर शब्द ध्यान से सुन रहा था।

उसकी आँखों के सामने एक से एक बड़े सिक्कों की अपार राशि कौंध रही थी, जिन्हें अपनी कल्पना में वह खजाने से उठा कर अपने घर ले जाने वाला था।

—मैं तुम्हारी दयालुता से संतुष्ट हूँ, महाराज, — उसने प्रसन्न हृदय से कहा। —तुम्हारा इनाम सत्य ही बड़ा है।

3.

तेरेंसी का राज्य-कोष में जाना शुरू हो गया। खजाना दरबार से निकट था और प्रथम सिक्कों को सम्राट तक लाने में काई कठिनाई नहीं हुई।

पहले दिन उसने खजाने से सिर्फ एक ब्रास लिया। यह छोटा सा सिक्का था, जिसका व्यास 21 मि॰मी॰ था और वजन 5 ग्राम।

---

* तांबे का छोटा सिक्का, दिनार का पाँचवा अंश।

इस वजन से दुगुने, चौगुने, अठगुने, 16-गुने और 32-गुने भारी दूसरे, तीसरे, चौथे, पाँचवे और छठे सिक्कों को भी लाना आसान था।

सातवाँ सिक्का आधुनिक इकाईयों में 320 ग्राम का था और उसका व्यास था $8\frac{1}{2}$ से॰मी॰ (या सही-सही : 84 मि॰मी॰)*

आठवें दिन तेरेंसी को खजाने से 128 ब्रास सिक्कों के बराबर का सिक्का लाना पड़ा। उसका वजन था 640 ग्राम और उसकी चौड़ाई थी $10\frac{1}{2}$ से॰मी॰।

नवें दिन तेरेंसी सम्राट के चरणों तक 256 सिक्कों के तुल्य सिक्का उठा कर लाया। उसका व्यास था 13 से॰मी॰ और वजन $1\frac{1}{4}$ कि॰ ग्राम।

सम्राट, जो अबतक सेनापति के साथ मैत्री निभा रहा था, अब अपनी जीत की खुशी नहीं छिपा पा रहा था। वह देख रहा था कि 12 दौर पूरे हो चुके हैं और अभी तक खजाने से सिर्फ दो हजार से कुछ अधिक तांबे के सिक्के निकले हैं।

चित्र 52. सतरहवां सिक्का।

---

* यदि सिक्का साधारण सिक्के से 64 गुना बड़ा है, तो चौड़ाई और मुटाई में वह सिर्फ चार गुना बड़ा होगा, क्योंकि $4 \times 4 \times 4 = 64$। यह ध्यान में रखें। इस तथ्य की आगे जरूरत पड़ेगी।

तेरहवें दिन बहादुर तेरेंसी को 4096 सिक्कों के तुल्य सिक्का मिला। उसका 34 से॰मी॰ था और वजन $20\frac{1}{2}$ कि॰ ग्राम।

चौदहवें दिन तेरेंसी को 41 कि॰ ग्राम भारी सिक्का उठाना पड़ा। इसका व्यास 42 से॰मी॰ था।

—तुम थक तो नहीं गये, मेरे बहादुर तेरेंसी? —सम्राट ने मुस्कुराहट छिपाते हुए पूछा।

—नहीं, महाराज ! —उदास पसीना पोछते हुए सेनापति ने उत्तर दिया।

पंद्रहवाँ दिन आया। इस बार तेरेंसी का बोझ भारी था। 16384 इकाई सिक्कों का एक विशाल सिक्का लेकर वह धीरे-धीरे सम्राट के पास आ रहा था। उसकी चौड़ाई 53 से॰मी॰ थी और वजन था 80 कि॰ ग्राम—एक हट्टे-कट्टे योद्धा का वजन था यह।

सोलहवें दिन सेनापति बोझ से दबा लड़खड़ा रहा था। इस बार उसका सिक्का 32768 इकाई सिक्कों के बराबर था। उसका वजन 164 कि. ग्राम था और व्यास था 67 से॰मी॰।

सेनापति निःशक्त हाँफ रहा था। सम्राट के होठों पर मुस्कुराहट थी।

जब अगले दिन तेरेंसी दरबार में आया, लोग अपनी हँसी नहीं रोक सके। तेरेंसी अब अपना बोझ उठा नहीं पा रहा था, अतः वह सिक्के को आगे-आगे लुढ़काते हुए चल रहा था। इस सिक्के की चौड़ाई थी 84 से॰मी॰ और वजन था 328 कि॰ ग्राम। यह 65536 इकाई सिक्कों के बराबर था।

अठारहवाँ दिन तेरेंसी के धन में वृद्धि का अंतिम दिन था। इस दिन के बाद से उसकी सिक्के के साथ खजाने से दरबार तक दौड़ लगानी बंद हो गयी। इस बार उसे 131072 इकाई सिक्कों के तुल्य सिक्का मिला था। उसका व्यास एक मीटर से अधिक था और वजन था—655 कि॰ ग्राम। तेरेंसी अपनी सारी ताकत से भाले को लीवर की तरह इस्तेमाल करता हुआ सिक्के को धकेल रहा था। सिक्का घोर शोर के साथ सम्राट के पैरों के पास लुढ़क गया।

तेरेंसी बिल्कुल थक चुका था।

—बस, अब काफी है....., —उसके मुंह से निकला।

सम्राट मुश्किल से अपनी हँसी रोक सका। उसकी चाल पूरी तरह सफल हो चुकी थी। उसने खजांची को हिसाब लगाने की आज्ञा दी कि तेरेंसी को कितने ब्रास मिलने चाहिये।

खजांची ने तुरंत आज्ञा का पालन किया और घोषणा की :

—महाराज, तुम्हारी उदारता से पराक्रमी वीर तेरेंसी इनाम में 262 143 ब्रास प्राप्त करता है।

इस प्रकार कंजूस सम्राट ने तेरेंसी द्वारा मांगी गयी रकम का लगभग 20-वाँ भाग ही दिया।

खजांची के हिसाब को जाँचें। साथ-साथ सिक्कों का वजन भी देखते हैं। तेरेंसी खजाने से लाया :

1 दिन	1 ब्रास जिसका वजन था		5 ग्राम,
2 दिन	2 ब्रास जिसका वजन था		10 ग्राम,
3 दिन	4 ब्रास जिसका वजन था		20 ग्राम,
4 दिन	8 ब्रास जिसका वजन था		40 ग्राम,
5 दिन	16 ब्रास जिसका वजन था		80 ग्राम,
6 दिन	32 ब्रास जिसका वजन था		160 ग्राम,
7 दिन	64 ब्रास जिसका वजन था		320 ग्राम,
8 दिन	128 ब्रास जिसका वजन था		640 ग्राम,
9 दिन	256 ब्रास जिसका वजन था	1 कि॰ग्रा॰	280 ग्राम,
10 दिन	512 ब्रास जिसका वजन था	2 कि॰ग्रा॰	560 ग्राम,
11 दिन	1024 ब्रास जिसका वजन था	5 कि॰ग्रा॰	120 ग्राम,
12 दिन	2048 ब्रास जिसका वजन था	10 कि॰ग्रा॰	240 ग्राम,
13 दिन	4096 ब्रास जिसका वजन था	20 कि॰ग्रा॰	480 ग्राम,
14 दिन	8192 ब्रास जिसका वजन था	40 कि॰ग्रा॰	960 ग्राम,
15 दिन	16384 ब्रास जिसका वजन था	81 कि॰ग्रा॰	920 ग्राम,
16 दिन	32768 ब्रास जिसका वजन था	163 कि॰ग्रा॰	840 ग्राम,
17 दिन	65536 ब्रास जिसका वजन था	327 कि॰ग्रा॰	680 ग्राम,
18 दिन	131072 ब्रास जिसका वजन था	655 कि॰ग्रा॰	360 ग्राम,

इस प्रकार के संख्या-क्रमों का योग निकालना हम जानते हैं। पृष्ठ 79 पर दिये गये नियम के अनुसार दूसरे स्तंभ का योग होता है 262 143। तेरेंसी ने सम्राट से 10 लाख दीनार, अर्थात् 5 000 000 ब्रास मांगे थे। पर उसे 5 000 000 : 262 143 $\approx$ 19 गुना कम सिक्के मिले।

63. शतरंज के बारे में एक किंवदंती. शतरंज की गणना प्राचीनतम खेलों में होती है। शताब्दियों से लोग शतरंज खेलते आ रहे हैं, इसलिये कोई आश्चर्य नहीं कि उस के बारे में विभिन्न अनगिनत किंवदंतियाँ प्रचलित हैं। उनमें से बहुत की सत्यता बहुत पुरानी होने के कारण जांची नहीं जा सकती है।

ऐसी ही एक किंवदंती हम सुनाना चाहते हैं। इसे समझने के लिये शतरंज का खेल जानना कोई आवश्यक नहीं है। पर्याप्त होगा, यदि आप जानते हैं कि शतरंज एक वर्गाकार गत्ते या तख्ते पर खेला जाता है, जो 64 वर्गों में बटा होता है। इन्हें "घर" कहते हैं। ये घर बारी-बारी से काले और सफेद रंग के होते हैं।

1.

शतरंज का आविष्कार भारत में हुआ था। जब वहाँ के राजा शिवराम को खेल दिखाया गया, वे उसकी तर्क-संगतता तथा गोटियों की स्थितियों की अपार विभिन्नता से अत्यंत प्रसन्न हुए।

जब उन्हें पता चला कि आविष्कारक उन्हीं के राज्य का निवासी है, उन्होंने उसे खुद अपने हाथों इनाम देने के लिये बुलाया।

आविष्कारक, उसका नाम सेता था, राजा के पास आया। इसके वस्त्र साधारण थे। वह विद्वान था और शिष्यों को पढ़ा कर जीविका-अर्जन करता था।

—मैं तुम्हारे अनूठे खेल के लिये तुम्हें यथोचित पारितोषिक देना चाहता हूं, सेता। —राजा ने कहा।

विद्वान ने सर झुका लिया।

—मेरे पास पर्याप्त धन है। मैं तुम्हारी कोई भी इच्छा पूरी कर सकता हूँ, —राजा ने फिर कहा। —मांगों, जो तुम्हारी इच्छा हो।

सेता चुप रहा।

—डरो मत, —राजा ने हिम्मत बंधायी। —तुम अपनी इच्छा बताओ। मैं उसे पूरी करने के लिये सब कुछ न्योछावर कर दूंगा।

—तुम्हारी उदारता महान है, राजन। पर मुझे सोचने के लिये समय दो। कल अच्छी तरह सोचकर तुम्हें अपना अनुरोध बताऊँगा।

जब दूसरे दिन सेता सिंहासन के निकट पहुँचा, उसके अनुरोध की नम्रता ने राजा को आश्चर्यचकित कर दिया।

—राजन, —सेता ने कहा, —आप मुझे शतरंज के पहले घर के लिये गेहूँ का एक दाना दिलाने की आज्ञा दें।

—क्या साधारण गेहूँ का एक दाना? —राजा ने आवाक होकर पूछा।

चित्र 53. "दूसरे घर के लिये दो दाने दिलाने की आज्ञा दें।"

—हाँ, राजन। दूसरे घर के लिये 2 दाने दिलाने की आज्ञा दें, तीसरे के लिये 4, चौथे के लिये—8, पाँचवे के लिये—16, छठे के लिये—32.......

—बस करो, —राजा ने क्रोधित होकर उसे बीच ही में रोक दिया। —तुम्हें शतरंज के सारे 64 घरों के लिये दाने मिल जायेंगे। हर घर में दानों की संख्या पिछले घर से दुगुनी होनी चाहिये—यही तुम्हारी इच्छा है न? पर

यह जान लो कि ऐसा क्षुद्र इनाम मांग कर तुम मेरी उदारता का अपमान कर रहे हो। गुरू होने के नाते तुम अपने राजा की दयालुता के प्रति आदर-भाव का उत्कृष्ट उदाहरण प्रस्तुत कर सकते थे। जाओ। मेरे सेवक तुम्हारे गेहूँ की बोरी तुम्हें दे देंगे।

सेता मुस्कुराया और दरबार के बाहर महल के द्वार पर प्रतीक्षा करने लगा।

2.

दोपहर भोजन के समय राजा को शतरंज के आविष्कारक की याद आयी और यह जानने के लिये किसी को भेजा कि पागल सेता अपना क्षुद्र इनाम लेकर गया या नहीं।

—राजन, —उत्तर मिला, —तुम्हारी आज्ञा पूरी हो रही है। दरबार के गणितज्ञ दानों की आवश्यक संख्या की गणना कर रहे हैं।

राजा की भृकुटियां तन गयीं। वह इस बात का आदी नहीं था कि उस की आज्ञायें इतनी मंद गति से पूरी हों।

शाम को सोने के पहले जब राजा ने फिर जिज्ञासा की तो उत्तर मिला :

—राजन, तुम्हारे गणितज्ञ गणना में व्यस्त हैं। आशा है कि कल सुबह तक काम खत्म हो जायेगा।

—इतनी देर क्यों लगा रहे हैं? —क्रोधित राजा ने पूछा। —कल नींद टूटने के पहले सेता को उसके एक-एक दाने मिल जाने चाहिये। मैं दो बार आज्ञा नहीं देता।

सुबह राजा को बताया गया कि मुख्य गणितज्ञ एक महत्वपूर्ण बात कहना चाहता है।

राजा ने उसे आने की अनुमति दे दी।

—इसके पहले कि तुम अपनी बात कहो, —राजा ने कहा, —मैं जानना चाहूँगा कि सेता को उसका क्षुद्र इनाम मिला या नहीं, जो उसने माँगा था।

—इसी के लिये तो मैं सुबह-सुबह आने का साहस कर पाया हूँ, —वृद्ध गणितज्ञ ने उत्तर दिया। —हम लोगों ने निष्कपट भाव से दानों की पूर्ण संख्या,

जो सेता चाहता है, निर्धारित कर ली है। संख्या इतनी बड़ी है कि......

—कितनी भी बड़ी क्यों न हो, —राजा ने घमंड के साथ कहा, —मेरा भंडार कम नहीं होगा। वचन दिया जा चुका है और उसे इनाम मिलना चाहिये...

—तुम्हारे वश की बात नहीं है, राजन, इस तरह की इच्छायें पूरी करना। तुम्हारे सभी भंडारों में इतना गेहूँ नहीं है, जितना सेता ने मांगा है। पूरे राज्य के भंडारों को मिलाकर भी इतना नहीं होगा। सारी पृथ्वी पर भी गेहूँ के इतने दाने नहीं होंगे। यदि प्रतिज्ञा निभाना ही चाहते हो, तो सारी धरती को खेतों में परिणत करने की आज्ञा दो, सागरों को सुखा देने की आज्ञा दो, सुदूर उत्तर को आवृत्त रखने वाले हिम को गला देने की आज्ञा दो। यदि पृथ्वी के एक-एक अंगुल स्थान पर गेहूँ बो दें और सारी फसल सेता को दे दें, तब उसे उसका मुंहमांगा इनाम प्राप्त होगा।

आश्चर्यचकित राजा वृद्ध गणितज्ञ के शब्दों को सुनता रहा।

—कैसी है यह संख्या? बताओ तो...., —सोच में राजा ने पूछा।

—एक महाशंख चौरासी शंख छियालिस पद्म चौहत्तर नील चालिस खरब तिहत्तर अरब सत्तर करोड़ पंचान्बे लाख इक्यान्बे हजार छे सौ पंद्रह, हे राजन।

3.

किंवदंती यही है। सच है या झूठ—पता नहीं, पर गणितज्ञों ने इनाम में मिलने वाले गेहूँ के दानों की संख्या सही बतायी थी। यह आप धैर्यपूर्वक गणना कर के खुद देख सकते हैं।

1 से लेकर 1, 2, 4, 8, आदि संख्याओं को जोड़ना है। 63-वीं बार दुगुना करने पर प्राप्त फल 64-वें घर के लिये दानों की संख्या बतायेगा। पृष्ठ 97 पर समझायी गयी विधि द्वारा हम आसानी से दानों की आवश्यक कुल संख्या ज्ञात कर सकते हैं। इसके लिये अन्तिम संख्या को दुगुना कर उसमें से इकाई घटा लेना पड़ेगा। अर्थात् परिकलन के लिए हमें सिर्फ 64 बार दो को आपस में गुणा करना है :

$$2 \times 2 \times 2 \times 2 \times \ldots\ldots \text{ आदि } (64 \text{ बार})।$$

आसानी के लिये दस-दस दुक्कों के छे समूह बना लें। बचे चार दुक्कों को एक समूह में रख लें। दस दुक्कों का गुणन 1024 होता है (आसानी से गुणा कर सकते हैं) और चार दुक्कों का–16। अर्थात् इष्ट फल होगा

1024 × 1024 × 1024 × 1024 × 1024 × 1024 × 16

1024 × 1024 गुणा करने पर 1 048 576 प्राप्त होता है। अतः अब ज्ञात करना है।

1 048 576 × 1 048 576 × 1 048 576 × 16

का गुणनफल।

गुणन संपन्न करके उसमें से 1 घटा लेने पर हमें दानों की आवश्यक संख्या मिल जायेगी :

18 446 744 073 709 551 615

यदि इस दैत्य संख्या की विराटता का अनुमान लगाना चाहते हैं, तो सोचने की कोशिश करें कि गेहूँ के इतने दानों के लिए कितने बड़े भंडार की आवश्यकता होगी। ज्ञात है कि एक घन मीटर में 150 लाख दाने आयेंगे। अतः शतरंज के आविष्कारक का इनाम 12 000 000 000 000 घन मीटर या 12000 घन कि॰मी॰ स्थान घेरता है। यदि भंडार की ऊँचाई 4 मीटर हो तथा चौड़ाई 10 मीटर हो, तो उसकी लंबाई 300 000 000 कि॰मी॰ होगी–यह पृथ्वी से सूर्य तक की दूरी की दुगुनी है!.....

ऐसा इनाम देना राजा के वश की बात नहीं थी। पर यदि वह गणित अच्छी तरह से जानता, तो कर्ज से छुटकारा प्राप्त कर लेता। इसके लिये सेता को ही एक-एक दाना गिन कर लेने को कहना चाहिये था।

सचमुच यदि सेता खुद गिनना शुरू करता और रात-दिन बिना रूके गिनता रहता, तो प्रति सेकेंड एक दाने की दर से 24 घंटों में सिर्फ 86 400 दाने गिनता। दस लाख दाने गिनने के लिए उसे दस दिन-रात से कम नहीं लगते। एक घन मीटर गेहूँ गिनने में छे महीने लग जाते और उसे सिर्फ 5 बित्ते (भंडार की लम्बाई से) मिलते। दस वर्षों तक बिना रूके गिनने पर उसे 100 बित्ते से अधिक नहीं मिलते। इस प्रकार आप देखते हैं कि सारी जिंदगी गिनने में बिता देने पर भी उसे मांगे गये इनाम का एक क्षुद्रांश ही मिलता।

64. द्रुत-प्रजनन. पके पोस्त की गाँठ नन्हें दानों से भरी होती है और प्रत्येक से एक पूरा पौधा पनप सकता है। कितने पौधे होंगे, यदि हर दाना अंकुरित होने का अवसर पाये? यह जानने के लिए ज्ञात करना चाहिये कि एक गाँठ में कितने दाने हैं। काम नीरस है पर परिणाम इतना मनोरंजक होगा कि यह किया जा सकता है। ज्ञात होता है कि पोस्त की एक गाँठ में 3000 दाने होते हैं।

इसका मतलब है कि आपके पौधे के आस-पास यदि पर्याप्त जगह हो तथा जमीन इतनी अच्छी हो कि हर दाना एक पौधे में परिणत हो सके, तो अगली गर्मियों में इस स्थान पर 3000 पौधे उग आयेंगे। एक गाँठ से पोस्त का पूरा खेत मिल जाता!

अब देखें कि आगे क्या होगा। 3000 में से हरेक पौधा कम से कम एक गाँठ देगा (अक्सर एक से अधिक होते हैं)। प्रत्येक में 3000 दाने मिलेंगे। हर गाँठ के बीज तब 3000 नये पौधे देंगे और दूसरे वर्ष कम से कम

$$3000 \times 3000 = 9\ 000\ 000 \text{ पौधे होंगे}$$

बताना आसान है कि तीसरे वर्ष हमारे एकमात्र पोस्त के वंशजों की संख्या होगी

$$9\ 000\ 000 \times 3000 = 27\ 000\ 000\ 000$$

और चौथे वर्ष

$$27\ 000\ 000\ 000 \times 3000 = 81\ 000\ 000\ 000\ 000.$$

पाँचवे वर्ष पोस्त के लिये पृथ्वी पर जगह नहीं बचेगी, क्योंकि उनकी संख्या हो जायेगी :

$$81\ 000\ 000\ 000\ 000 \times 3000 = 243\ 000\ 000\ 000\ 000\ 000$$

पृथ्वी पर थल (सारे महादेश और द्वीप मिला कर बनी जमीन) का क्षेत्रफल सिर्फ 1350 लाख वर्ग किलोमीटर या 135 000 000 000 000 वर्ग मीटर है। यह पोस्त की संख्या से 2000 गुना कम है।

आप देखते हैं कि यदि पोस्त के सभी दाने पौधे में परिणत हो सकते, तो पाँच वर्षों में ही सारी पृथ्वी का थल पोस्त की घनी झाड़ियों (2 हजार पौधे प्रति वर्ग मीटर) से भर जाता। पोस्त के नन्हे से दाने में ऐसी दैत्य-संख्या

छिपी है !

यदि पोस्त की बजाय बीज से उगने वाले, पर कम बीज देने वाले किसी दूसरे पौधे के लिये उपरोक्त गणना करें, तो फल यही होगा। यह बात दूसरी है कि उसके वंशज पाँच वर्षों में नहीं, बल्कि कुछ अधिक समय में पृथ्वी को ढक सकेंगे। उदाहरण के लिये डैंडेलियन को लेते हैं, जो प्रतिवर्ष लगभग 100 बीज देता है। यदि सब उग आते, तो हमें मिलता :

1 वर्ष .... 1 पौधा
2 वर्ष .... 100 पौधा
3 वर्ष .... 10 000 पौधा
4 वर्ष .... 1 000 000 पौधा
5 वर्ष .... 100 000 000 पौधा
6 वर्ष .... 10 000 000 000 पौधा
7 वर्ष .... 1 000 000 000 000 पौधा
8 वर्ष .... 100 000 000 000 000 पौधा
9 वर्ष .... 10 000 000 000 000 000 पौधा

पृथ्वी पर जितता वर्ग मीटर थल है, उससे यह 70 गुना अधिक है। अतः नवें वर्ष पृथ्वी के हर वर्ग मीटर में डैंडेलियन के 70 पौधे हो जायेंगे।

पर यह भयानक रूप से द्रुत-प्रजनन यथार्थ जीवन में क्यों देखने को नहीं मिलता? क्योंकि बहुत से बीज उगने के पहले ही मृत हो जाते हैं : जमीन अच्छी नहीं होती, या दूसरे पौधों द्वारा दबा दिये जाते हैं, या जीव-जगत उन्हें नष्ट कर देता है। यदि पौधे और बीज बड़े पैमानों पर नष्ट नहीं होते, तो कम ही समय में पृथ्वी हर प्रकार के पौधों से छा जाती।

यह बात सिर्फ पौधों के लिये ही नहीं, बल्कि जीवों के लिये भी सत्य है। यदि मृत्यु नहीं होती, तो किसी भी जीव के एक जोड़े से उत्पन्न वंशज सारी पृथ्वी को ढक लेते। विराट स्थलों को बिल्कुल आच्छादित करने वाले टिड्डीं के दल से आप अनुमान लगा सकते हैं कि यदि मृत्यु जैव-प्रजनन में

बाधक नहीं होती, तो क्या होता। किन्हीं एक-दो दशाब्दियों में सारी पृथ्वी करोड़ों जीवों से भर जाती, जो एक दूसरे से स्थान के लिये निरंतर झगड़ते रहते। सागर मछलियों से इस प्रकार भर जाते कि जहाज नहीं चल सकते। हवा नाना प्रकार के कीड़े-मकोड़ों तथा पक्षियों से बिल्कुल अपारदर्शक हो जाती। उदाहरण के लिये, देखें कि सर्वपरिचित घरेलू मक्खी का प्रजनन किस गति से होता है। माना कि हर मक्खी 120 अंडे देती है और एक गर्मी के दौरान उनकी सात पीढ़ियाँ होती हैं, जिसमें आधी मक्खियां मादा होती हैं। माना कि पहली बार अंडे 15 अप्रील को दिये जाते हैं और 20 दिनों बाद मादा इतनी बड़ी हो जाती है कि खुद अंडे दे सकती है। तब प्रजनन का काल-क्रम इस प्रकार होगा :

15 अप्रील–एक मादा ने 120 अंडे दिये। मई के आरंभ में 120 मक्खियां निकलीं, जिसमें 60 मादा मक्खियां थी;

5 मई--हर मादा मक्खी 120 अंडे देती है; मई के मध्य में–60 × 120 = 7200 मक्खियां निकलती हैं; उनमें से 3600 मादा मक्खियां हैं;

25 मई–3600 में से प्रत्येक मादा मक्खी 120 अंडे देती है; जून के आरंभ में– 3600 × 120 = 432 000 मक्खियां निकलती हैं, जिनमें 216 000 मादा हैं; 14 जून– 216 000 मक्खियों में से प्रत्येक 120 अंडे देती हैं, जून के अंत में 25 920 000 मक्खियां निकलती हैं, जिनमें से 12 960 000 मादा हैं;

5 जुलाई–12 960 000 मक्खियों में से प्रत्येक 120 अंडे देती है, जुलाई में– 1 555 200 000 मक्खियां निकलती हैं, जिनमें 777 600 000 मादा हैं;

25 जुलाई–93 312 000 000 मक्खियां निकलती हैं; जिनमें 46 656 000 000 मादा हैं;

13 अगस्त–5 598 720 000 000 मक्खियां निकलती हैं; जिनमें 2 799 360 000 000 मादा हैं;

1 सितम्बर–335 923 200 000 000 मक्खियां निकलती हैं।

निर्बाध प्रजनन के फलस्वरूप एक गर्मी के दौरान उत्पन्न मक्खियों की विराट संख्या को दृशगम्य बनाने के लिये कल्पना करें कि वे पास-पास एक सीधी कतार में बैठी हैं। चूंकि एक मक्खी की लंबाई 5 मि॰मी॰ है, कतार की

लंबाई 25000 लाख कि॰मी॰ होगी। यह पृथ्वी से सूरज की दूरी से 18 गुनी अधिक (अर्थात् लगभग पृथ्वी से सुदूर ग्रह युरेनस की दूरी) है.....

अंत में आपको अच्छी परिस्थितियों में डाले गये जीवों के द्रुत-प्रजनन की कुछ **सच्ची** घटनाऐं बताते हैं।

अमेरिका में पहले **गौरैये** नहीं थे। इतनी साधारण चिड़िया संयुक्त-राज्य में इसलिये लायी गयी थी कि वह हानिकारक कीड़े-मकोड़ों को नष्ट करे। ज्ञात है कि गौरैये फसल बरबाद करने वाले कीड़ों के शत्रु हैं। नयी जगह गौरैयों को पसंद आ गयी : वहाँ इन चिड़ियों का शिकार करने वाले जीव नहीं थे। गौरैयों की संख्या तेजी से बढ़ने लगी। हानिकारक धरती से युरेनस तक पहुँच सकती है।

कीड़े-मकोड़े कम होने लगे। पर जल्द ही गौरैयों की संख्या इतनी अधिक हो गयी कि जीव-जगत में उन्हें खाना नहीं मिलने लगा। और तब उनका आक्रमण

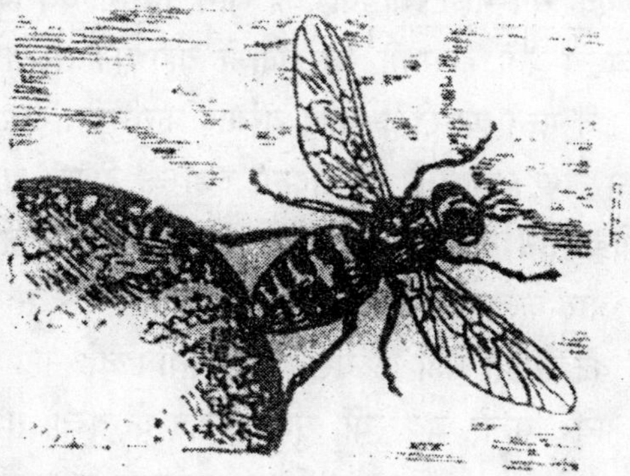

चित्र 54. एक गर्मी के दौरान एक मक्खी की संतति की लड़ी धरती से यूरेनस तक पहुँच सकती है।

वनस्पति-जगत पर हो गया। उन्होंने खेती बरबाद करना शुरू कर दिया।* अब गौरैयों के साथ संघर्ष शुरू हो गया। यह अमेरिकनों के लिये इतना महँगा पड़ा कि भविष्य के लिये एक कानून बनाया गया, जिसके अनुसार अमेरिका

* द्वीप-समूह पर उन्होंने दूसरी सभी छोटी चिड़ियों को विस्थापित कर दिया।

में किसी भी पराये जीव-जन्तु को लाने की मनाही हो गयी।

दूसरा उदाहरण। अस्ट्रेलिया में, जब युरोप निवासियों ने इसकी खोज की, **खरगोश** नहीं थे। 18-वीं शताब्दी के अंत में वहाँ खरगोश लाये गये। वहाँ भी इनके शिकार करने वाले हिंसक जीव नहीं थे, अतः उनकी संख्या असाधारण तेजी से बढ़ने लगी। जल्द ही सारे आस्ट्रेलिया में खरगोशों की बाढ़ सी आ गयी, जो कृषि के लिये एक प्रकोप बन गयी। कृषि के इस शत्रु से संघर्ष के लिये विशाल राशियां खर्च की गयीं। सिर्फ सक्रिय कदमों के कारण ही इस प्रकोप का कुछ उपशमन हो सका। खरगोशों के साथ लगभग यही घटना कैलीफोर्निया में भी घटी थी।

तीसरी शिक्षाप्रद घटना जमैका द्वीप की है। यहां विषैले सर्पों का बाहुल्य था। उनसे छुटकारा पाने के लिये उनके भयानक शत्रु **सेगिटारियुस सेर्पेंटारियुस** (अफ्रीका की एक सर्प-भक्षी चिड़िया) को लाने का निश्चय किया गया। सांपों की संख्या सचमुच कम हो गयी, पर मैदानी चूहों की संख्या असाधारण रूप से बढ़ने लगी। वे गन्ने की खेती आदि बरबाद करते थे। अब उन्हें नष्ट करने को सोचा जाने लगा। ज्ञात है कि मैदानी चूहों के दुश्मन भारतीय **नेवले** हैं। उनके चार जोड़े लाने का निश्चय किया गया। नेवलों ने नयी मातृभूमि को अपना लिया और जल्द ही पूरे द्वीप में फैल गये। दस साल भी नहीं बीते कि वहां चूहों की संख्या नहीं के बराबर हो गयी। चूहे नहीं मिलने पर नेवले सर्वाहारी बन गये : कुत्तों, बकरियों, सुअर आदि के बच्चों तथा घरेलू चिड़ियों पर आक्रमण करने लगे। और भी अधिक संख्या में हो जाने पर वे फलों के बाग, खेतों में फसल और गन्नों पर आक्रमण करने लगे। निवासियों को अपने कभी के मित्रों के साथ अब संघर्ष शुरू करना पड़ा। लेकिन उन्हें कुछ हद तक ही नेवलों द्वारा हानि को रोकने में सफलता मिल सकी।

65. मुफ्त का खाना. दस युवकों ने स्कूल समाप्त करने की खुशी में मिलकर रेस्तरां में खाना खाने का निश्चय किया। रेस्तरां में जब सब आये और खाना टेबुल पर रख दिया गया, उनमें बहस शुरू हो गयी कि टेबुल के चारों ओर कौन कहां बैठे। एक कह रहा था कि नामों के वर्णानुक्रम में बैठना चाहिये। दूसरे ने उम्र के अनुसार बैठने की सलाह दी; किसी ने लंबाई के

अनुसार बैठने को कहा, तो किसी ने उर्त्तीर्णांकों के अनुसार बैठने का प्रस्ताव रखा। बहस लंबी हो रही थी और खाना ठंढा हो रहा था। अंत में बैरे ने यह कह कर सबको शांत किया :

—मेरे युवा मित्रों, अब अपना विवाद बंद करें। आज किसी भी तरह से बैठ लीजिये और मेरी एक बात सुनिये।

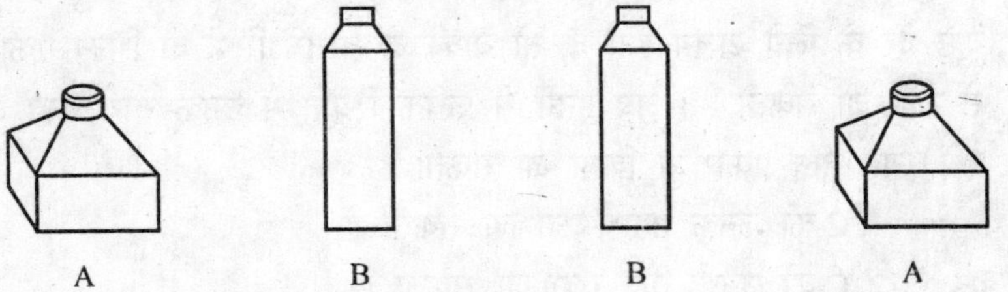

चित्र 55. दो वस्तुओं को सिर्फ दो प्रकार से रखा जा सकता है।

जिसे जहां जगह मिली, सब बैठ गये। बैरे ने आगे कहा :

—आप में से कोई एक लिख ले कि आज आप किस क्रम में बैठे हैं। आप कल भी यहां खाना खाने आइये और किसी दूसरी क्रम में बैठिये। परसों फिर किसी तीसरे क्रम से आदि। जिस दिन आप पुनः आज के क्रम में बैठेंगे, मैं प्रतिज्ञा करता हूँ कि उस दिन से हर रोज यहां का सबसे स्वादिष्ट खाना आप सबों का मुफ्त में खिलाया करूँगा।

प्रस्ताव सब को पसंद आया। निश्चय किया गया कि रेस्तरां में हर दिन आकर विभिन्न क्रमों से बैठा जाये, ताकि जल्द ही वह दिन आ जाये, जब मुफ्त का खाना मिले।

पर उन्हें इस दिन की प्रतीक्षा नहीं करनी पड़ी। इसलिये नहीं कि बैरे ने अपनी प्रतिज्ञा पूरी नहीं की, बल्कि इसलिये कि टेबुल पर बैठने के विभिन्न क्रमों की संख्या विराट है। यह संख्या है : 3 628 800। दिनों की इतनी बड़ी संख्या का अर्थ है—लगभग 10000 वर्ष !

आपको शायद यह असंभव प्रतीत हो रहा होगा कि सिर्फ दस व्यक्तियों के बैठने के विभिन्न क्रमों की संख्या इतनी बड़ी हो सकती है। परिकलन की जांच आप खुद कर लें।

सबसे पहले आपको क्रमचयों की संख्या निर्धारित करना सीखना होगा। सरलता के लिये पहले कम से कम तीन वस्तुओं के लिये परिकलन करें। माना कि उनके नाम हैं A, B और C।

हम जानना चाहते हैं कि कितने प्रकार से उनके आपसी स्थानों में हेरा-फेरी की जा सकती है। निम्न प्रकार से विचार करें। यदि वस्तु C को कुछ देर के लिये अलग हटा दें, तो बाकी दो वस्तुयें सिर्फ दो भिन्न प्रकार से रखी जा सकती हैं। अब इनमें से प्रत्येक स्थिति में उनके साथ वस्तु C रखें। यह तीन प्रकार से किया जा सकता है :

1. C को उनके पहले रखा जा सकता है,
2. C को उनके बाद रखा जा सकता है,
3. C को उनके बीच रखा जा सकता है।

स्पष्ट है कि इन तीन के अतिरिक्त वस्तु C के लिये कोई अन्य जगह नहीं ढूंढी जा सकती है। चूंकि हमारे पास दो वस्तुओं की दो स्थितियां (AB और BA) हैं, तो तीनों वस्तुओं का क्रमचयन $2 \times 3 = 6$ प्रकार से हो सकता है।

क्रमचयन की ये सारी विधियां चित्र 56 में दिखायी गयी हैं।

अब आगे बढ़ें–4 वस्तुओं के लिये गणना करें।

माना कि हमारे पास 4 वस्तुएं हैं : A, B, C और D। पुनः एक वस्तु, जैसे D, को अलग रख दें और बाकी का क्रमचयन ज्ञात करें। तीन वस्तुओं के क्रमचयों की संख्या 6 है। हर क्रमचय में चौथी वस्तु के लिये कितने स्थान संभव है? स्पष्ट है कि 4 स्थानों पर रखा जा सकता है :

1. D को तीनों वस्तुओं के पहले;
2. D को तीनों वस्तुओं के बाद;
3. D को पहली तथा दूसरी वस्तुओं के बीच;
4. D को दूसरी तथा तीसरी वस्तुओं के बीच।

कुल प्राप्त होते हैं

$$6 \times 4 = 24 \text{ क्रमचय}$$

और चूंकि $6 = 2 \times 3$ और $2 = 1 \times 2$, तो क्रमचयों की कुल संख्या को निम्न

गुणन के रूप में व्यक्त कर सकते हैं :

$$1 \times 2 \times 3 \times 4 = 24$$

इन विचारानुगमन से 5 वस्तुओं का क्रमचय निर्धारित कर सकते हैं :

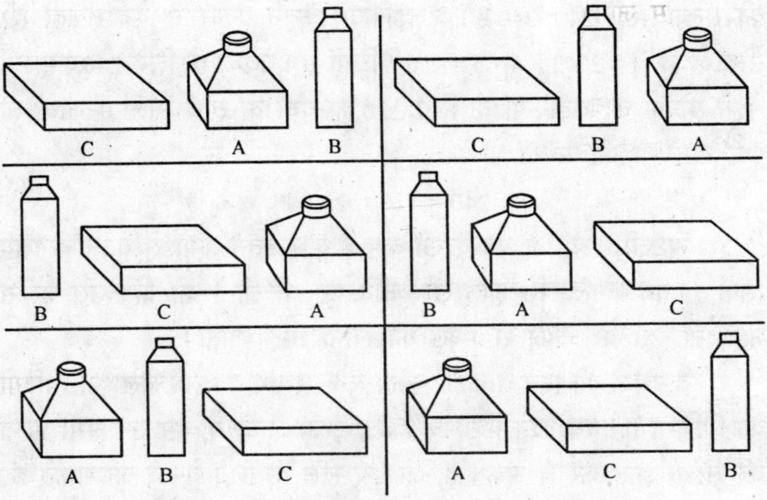

चित्र 56. तीन वस्तुओं को छः प्रकार से रख सकते हैं।

$$1 \times 2 \times 3 \times 4 \times 5 = 120.$$

6 वस्तुओं के लिये

$$1 \times 2 \times 3 \times 4 \times 5 \times 6 = 720.$$

अब खाना खाने के लिये बैठे 10 व्यक्तियों की ओर वापस लौटें। उनके क्रमचयों की संख्या ज्ञात हो सकती है, यदि हम निम्न गुणन पूरा करने का श्रम करें :

$$1 \times 2 \times 3 \times 4 \times 5 \times 6 \times 7 \times 8 \times 9 \times 10.$$

गुणन करने पर हमें उपरोक्त संख्या 3 628 800 प्राप्त होगी।

परिकलन अधिक जटिल होता, यदि 10 व्यक्तियों में 5 लड़कियां होतीं और हर लड़की दो युवकों के बीच बैठना पसंद करती। यहाँ क्रमचयों की संख्या काफी कम है, पर उसका परिकलन जटिल है।

माना कि एक युवक 10 में से किसी भी कुर्सी पर बैठ जाता है। अन्य

चार युवक लड़कियों के लिये जगह छोड़-छोड़कर $1 \times 2 \times 3 \times 4 = 24$ विभिन्न प्रकार से बैठ सकते हैं। चूंकि कुर्सियों की कुल संख्या 10 है, पहला युवक 10 विभिन्न प्रकार से बैठ सकता है; अर्थात् पांचों युवकों के लिये कुल क्रमचयों की संख्या $10 \times 24 = 240$ है। 5 लड़कियां कितने प्रकार से बैठ सकती है? स्पष्ट है कि $1 \times 2 \times 3 \times 4 \times 5 = 120$ विधियों से। युवकों के लिये 240 क्रमचयों में से प्रत्येक को लड़कियों के लिये 120 क्रमचयों के साथ मिलाया जाये, तो इष्ट क्रमचयों की संख्या होगी

$$240 \times 120 = 28\ 800$$

पिछली संख्या से यह काफी कम है और इतने क्रमों से बैठने के लिये सिर्फ 79 वर्ष लगते। सौ साल तक जीने पर इन लोगों को यदि उस बैरे से नहीं, तो उस के वंशज से मुफ्त का खाना मिल जाता।

क्रमचयों की गिनती करना सीख लेने पर हम "15 के खेल" में गोटियों का विभिन्न क्रमचय ज्ञात कर सकते हैं।* अन्य शब्दों में, हम उन सभी प्रश्नों की संख्या ज्ञात कर ले सकते हैं, जो इस खेल के लिये बनाये जा सकते हैं। समझना सरल है कि गणना का यहाँ अर्थ है–15 वस्तुओं के सभी क्रमचयों को ज्ञात करना। इसके लिये, जैसा कि अब हम जानते हैं, निम्न गुणनफल ज्ञात करना होगा :

$$1 \times 2 \times 3 \times 4 \times \ldots\ldots \times 15$$

गुणन करने पर निम्न फल प्राप्त होता है :

$$1\ 307\ 674\ 365\ 000$$

अर्थात् 13 खरब से अधिक।

इनमें से आधे प्रश्न हलातीत हैं। अर्थात् इस खेल में 6 खरब से अधिक हलातीत क्रमचय हैं। इसमें "15 के खेल" द्वारा मनबहलाव की महामारी का कारण समझा जा सकता है। लोगों को संदेह भी नहीं होता था कि हलातीत प्रश्नों की संख्या इतनी बड़ी हो सकती है।

ध्यान दें कि यदि प्रति सेकेंड गोटियों को नया क्रमचय देना संभव होता

---

* इसमें खाली घर हमेशा दायें निचले कोने में होना चाहिये।

तो सभी क्रमचय देखने के लिये दिन-रात अविराम कार्यरत रहने पर 40 000 वर्षों से अधिक व्यतीत करने पड़ते।

क्रमचयों की संख्या के विषय में यह बातचीत हम स्कूल जीवन के इस प्रश्न से समाप्त करेंगे :

कक्षा में 25 छात्र हैं। कितने प्रकार से उन्हें बैठाया जा सकता है?

जो अबतक कही गयी बातें समझ चुके हैं, उनके लिये यह प्रश्न हल करना कठिन नहीं है : बस इन 25 संख्याओं को आपस में गुणा कर देना है :

$$1 \times 2 \times 3 \times 4 \times \ldots\ldots \times 23 \times 24 \times 25.$$

गणित अनेक परिकलनों को सरल करने को विधियाँ बताता है, पर इस प्रकार की क्रियाओं को (जैसे यह गुणन) सरल करने की कोई विधि उस के पास नहीं हैं।* सिर्फ गुणनखंडों के सांयोगिक खुशनसीब समूहीकरण ही परिकन-काल को कुछ कम कर सकते हैं। गुणनफल काफी विशाल है। उसमें 26 अंक हैं। इतनी बड़ी संख्या की हम कल्पना भी नहीं कर सकते :

15 511 210 043 330 985 984 000 000.

अब तक मिली सभी संख्याओं में यह निस्संदेह सबसे बड़ी संख्या है और इसे "दैत्य-संख्या" कहलाने का सबसे अधिक अधिकार है। पृथ्वी पर सभी सागरों और नदियों के पानी की छोटी से छोटी बूंदों की कुल संख्या भी इसके सामने कुछ नहीं है।

66. सिक्कों की हेरा-फेरी. मुझे याद है कि बचपन में बड़े भाई ने सिक्कों का एक मनोरंजक खेल दिखाया था। उसने तीन तश्तरियाँ कतार में पास-पास रख दी और किनारे की एक तश्तरी में 5 सिक्कों का एक पिरामिड बना दिया।

---

* वैसे गुणनफल का समीपवर्ती मान अपेक्षाकृत सरलता से ज्ञात किया जा सकता है। गणित में 1 से लेकर किसी संख्या n तक का गुणनफल प्राप्त करने की आवश्यकता अक्सर पड़ती रहती है। इस प्रकार के गुणन को $n!$ द्वारा व्यक्त करते हैं और इसे क्रमानुगुणित (factorial) n कहते हैं। उदाहरण के लिये, उपरोक्त गुणन को हम संक्षेप में 25 से व्यक्त कर सकते हैं। 18-वीं शताब्दी में अंग्रेज गणितज्ञ स्टिर्लिंग ने क्रमानुगुणितों का समीपवर्ती मान निकालने के लिये सूत्र निर्धारित किया था, जिसका रूप निम्न :

सबसे नीचे एक रूबल का सिक्का था, उसके ऊपर 50 कोपेक का, उसके ऊपर 20 का, उसके ऊपर 15 का और सबसे ऊपर 10 का सिक्का था।

—इन सिक्कों को तीसरी तश्तरी में इसी क्रम में रखना है। यह करते वक्त तीन नियमों को ध्यान में रखना होगा। पहला नियम : एक बार में सिर्फ एक सिक्के को उठा कर रखा जा सकता है। दूसरा नियम : छोटे सिक्के पर बड़ा सिक्का कभी नहीं रखना है। तीसरा नियम : उपरोक्त नियमों का पालन करते हुए सिक्कों को अस्थायी तौर पर बीच की तश्तरी में भी रखा जा सकता है, पर खेल के अंत में सभी सिक्के तीसरी तश्तरी में आ जाने चाहिये और उनका क्रम आरंभ की भाँति होना चाहिये। नियम तुम देख रहे हो कि कठिन नहीं हैं। अब काम शुरू कर सकते हो।

मैंने हेरा-फेरी शुरू की। 10-कोपेकी सिक्के को तीसरी तश्तरी में रखा, 15-कोपेकी को बीच की तश्तरी में रखा और अटक गया। 20-कोपेकी को कहां रखा जाये? वह 10-कोपेकी और 15-कोपेकी—दोनों से ही बड़ा है।

—इससे क्या हुआ? —भाई ने मदद की। —10-कोपेकी बीच की तश्तरी में 15-कोपेकी पर रख दो। 20-कोपेकी के लिये तीसरी तश्तरी में जगह बन जायेगी।

मैंने ऐसा ही किया। पर आगे चलकर दूसरी समस्या खड़ी हुई। 50-कोपेकी कहाँ रखा जाये? पर मैं शीघ्र ही भाँप गया; पहले 10-कोपेकी को पहली तश्तरी में रखा, फिर 15-कोपेकी को तीसरी में और इस के बाद 10-कोपेकी को तीसरी में। अब 50-कोपेकी को बीच की खाली तश्तरी में रखा जा सकता था। इस प्रकार हेरा-फेरी के एक लंबे क्रम के बाद मैं पाँचों सिक्कों को तीसरी तश्तरी में पहले की भाँति एक के ऊपर एक रखने में सफल हो गया।

$n! = \sqrt{2\pi n}\left(\frac{n}{e}\right)^n$

जहां, $\pi = 3.141.....$, $e = 2.718....$ —ये वे संख्यायें हैं, जो गणित के विभिन्न प्रश्नों में अत्यंत महत्त्वपूर्ण भूमिकायें निभाती हैं। लघुगणकों या घातप्रमापकों की सारणी (logarithmic tables) की मदद से स्टिर्लिंग के सूत्र द्वारा सरलतापूर्वक ज्ञात कर सकते हैं कि

$25! \approx 1.55 \,.\, 10^{25}$

—कुल कितनी हेरा-फेरी करनी पड़ी तुम्हें? —भाई ने मेरे काम की सराहना करते हुए पूछा।

—मैंने गिना नहीं है।

—आओ, गिनते हैं। यह जानना मनोरंजक होगा कि लक्ष्य तक पहुँचने के लिये चालों (हेरा-फेरी) की न्यूनतम संख्या क्या हो सकती है। यदि पिरामिड में 5 की जगह सिर्फ 2 सिक्के 10-कोपेकी और 15-कोपेकी होते, तो कितनी चालों की आवश्यकता पड़ती?

—तीन की : 10-कोपेकी को बीच की तश्तरी में, 15-कोपेकी—तीसरी में और 10-कोपेकी को तीसरी में।

—ठीक है। एक और सिक्का—20-कोपेकी—लेते हैं और देखते हैं कि तीन सिक्कों को पहली से तीसरी तश्तरी तक लाने में कितनी चालों की आवश्यकता पड़ेगी। ऐसा करते हैं : पहले ऊपर के छोटे सिक्कों को बीच की तश्तरी में लाते हैं। हम जानते हैं कि इसमें 3 चालें लगती हैं। फिर 20-कोपेकी को तीसरी में रखते हैं—1 चाल। इसके बाद बीच की तश्तरी से दोनों सिक्कों को तीसरी में लाते हैं। इसमें पुनः 3 चालें लगती हैं। कुल चालें 3 + 1 + 3 = 7 हुईं।

—चार सिक्कों के लिये आवश्यक चालों की संख्या मुझे स्वयं गिनने दो। पहले तीन छोटे सिक्कों को बीच की तश्तरी में लाता हूँ—7 चालें होती हैं। फिर 50-कोपेकी को तीसरी खाली तश्तरी में रखता हूँ—1 चाल हुई। और अंत में तीनों छोटे सिक्कों को बीच से उठा कर तीसरी तश्तरी में रखते हैं—पुनः 7 चालें मिलती हैं। कुल चालें हुईं : 7 + 1 + 7 = 15.

—बहुत अच्छे। और पाँच सिक्कों के लिये?

15 + 1 + 15 = 31, —मैंने झट उत्तर दिया।

—बस, अब तुम गिनने का आसान तरीका समझ गये हो। पर मैं तुम्हें दिखाता हूँ कि इसे और सरल कैसे किया जा सकता है। ध्यान दो कि जो संख्यायें हमें मिली हैं, वे दो को दो से एक बार या कई बार गुणा कर के एक घटाने से भी मिल सकती हैं। देखो।

और भाईने सारणी बनायी :

$$3 = 2 \times 2 - 1$$

$$7 = 2 \times 2 \times 2 - 1$$

$$15 = 2 \times 2 \times 2 \times 2 - 1$$

$$31 = 2 \times 2 \times 2 \times 2 \times 2 - 1$$

—मैं समझ रहा हूँ। जितने सिक्के होते हैं, उतनी बार 2 को गुणनखंडों के रूप में लेते हैं और उसमें से इकाई घटा देते हैं। अब मैं सिक्कों की किसी भी संख्या के लिये कुल चालों की संख्या बता सकता हूँ। उदाहरणार्थ, 7 सिक्कों के लिये :

$$2 \times 2 \times 2 \times 2 \times 2 \times 2 \times 2 - 1 = 128 - 1 = 127.$$

चित्र 57. "पुजारियों को छल्लों की अविराम हेरा-फेरी करनी थी।"

—अब तुम इस प्राचीन खेल को अच्छी तरह से समझ गये हो। सिर्फ एक व्यावहारिक नियम तुम्हें बता दूं : यदि पिरामिड में सिक्कों की संख्या विषम हो, तो पहले सिक्के को तीसरी तश्तरी में रखते हैं और यदि सिक्कों की संख्या सम हो, तो—बीच की तश्तरी में।

—तुमने कहा कि यह प्राचीन खेल है। क्या इसे तुमने खुद सोच कर नहीं निकाला है?

—नहीं, मैंने सिर्फ इसे सिक्कों के लिये लागू किया है। खेल अत्यंत प्राचीन है और कहते हैं कि इसका जन्म भारत में हुआ था। खेल से संबंधित

एक रोचक किंवदंती है। वाराणसी शहर में शायद कोई मंदिर है, जिसमें हिन्दुओं के भगवान ब्रह्मा ने विश्व की सृष्टि करने के बाद हीरे की तीन छड़ियाँ जड़ दी और एक पर उसने सोने के 64 छल्ले चढ़ा दिये : सबसे बड़ा छल्ला सबसे नीचे था और हर छल्ला अपने निचले से छोटा था। मंदिर के पुजारियों को दिन-रात बिना रुके इन छल्लों को दूसरी छड़ी पर उसी क्रम से पहनाने का कार्य सौंपा गया। इसके लिये वे तीसरी छड़ी की मदद ले सकते थे। उनके इस काम के लिये निर्धारित नियम हमारे खेल के नियमों जैसे ही थे : एक बार में एक ही छल्ला उठा कर पहनाया जा सकता था और छोटे छल्ले पर बड़ा छल्ला नहीं रखा जा सकता था। किंवदंती कहती है कि जब यह काम पूरा हो जायेगा, अर्थात् सारे 64 छल्ले जब दूसरी छड़ी पर पहना दिये जायेंगे, तब प्रलय आ जायेगा।

—ओहो, मतलब कि यदि कथा का विश्वास करें, तो दुनिया को कब के खत्म हो जाना चाहिये था !

—तुम शायद सोचते हो कि 64 छल्लों को दूसरी छड़ी पर पहनाने में अधिक समय नहीं लगना चाहिये?

—और नहीं तो क्या ! यदि एक सेकेण्ड में एक चाल चलें, तो एक घंटे में 3600 चालें चली जा सकती हैं।

—इससे क्या होता है?

—दिन भर में—करीबन एक लाख चालें होंगी। दस दिनों में दस लाख। मुझे विश्वास है कि इतनी चालों में हजार छल्ले भी एक छड़ी से दूसरी पर पहनाये जा सकते हैं।

—तुम गलत हो। 64 छल्ले दूसरी छड़ी पर पहनाने के लिये 5 खरब वर्ष चाहिये।

—क्यों आखिर? चालों की कुल संख्या 64 बार ही तो लिये गये दो का गुणनफल है, और यह होगा.....। ठहरो, अभी गुणा कर के बताता हूँ।

—अच्छी बात है। जबतक तुम गुणा करो, मैं अपने काम निपटा आऊँ।

और भाई मुझे गुणा करने में मशगूल छोड़कर चला गया। मैंने पहले 16 बार दो को आपस में गुणा किया, फिर प्राप्त संख्या को उसी से गुणा

कर दिया। प्राप्त संख्या को पुनः स्वयं से गुणा कराया। और अंत में, इस अन्तिम गुणनफल से इकाई घटाना नहीं भूला।

मुझे निम्न संख्या प्राप्त हुई :

18 446 744 073 709 551 615*

मतलब की भाई सही था.....

आपके लिये शायद जानना रुचिकर होगा कि विश्व की उम्र किन संख्याओं में आँकी जाती है। वैज्ञानिकों के पास इस संबंध में कुछ समीपवर्ती आँकड़े हैं (सही आँकड़े प्राप्त करना निस्सन्देह असंभव है) :

सूर्य विद्यमान है.................. 5 000 000 000 000 वर्षों से
पृथ्वी ....3 000 000 000 वर्षों से
पृथ्वी पर जीवन ....1 000 000 000 वर्षों से
मनुष्य ....कम से कम 500 000 वर्षों से

67. बाजी. विश्राम-गृह के भोजनालय में खाने के वक्त बात चली कि घटनाओं की **संभाव्यता** कैसे ज्ञात की जाती है। संयोगवश उनके बीच एक युवा गणितज्ञ भी था। उसने जेब से एक सिक्का निकाला और कहा :

—मैं टेबुल पर बिना देखे सिक्का उछालता हूँ। इसके चित गिरने की क्या संभाव्यता है?

—पहले यह तो समझाइये कि "संभाव्यता" है क्या, आवाजें आयीं। —सब इसे नहीं जानते।

चित्र 58. "सिक्का दो तरह से टेबुल पर गिर सकता है।"

* पाठक इस संख्या से परिचित है : यह शतरंज के आविष्कारक के इनाम को व्यक्त करती है

—यह बहुत सरल है ! सिक्का दो तरह से गिर सकता है (चित्र 58) : चित या पट।

सिर्फ ये ही दो स्थितियां संभव है। अब निम्न अनुपात निकालते हैं

$$\frac{\text{इष्ट स्थितियों की संख्या}}{\text{सारी संभव स्थितियों की संख्या}} = \frac{1}{2}$$

अंश (अनुपात) $\frac{1}{2}$ ही सिक्के के चित गिरने की संभाव्यता व्यक्त करता है।

—सिक्के के साथ तो आसान है, —किसी ने बीच में टोका। —कोई जटिल समस्या लें, जैसे छक्का।

—आइये, देखते हैं, —गणितज्ञ तैयार हो गया। छक्का (चित्र 59) एक घन है, जिसकी फलिकाओं पर 1 से 6 तक की संख्यायें होती हैं। छक्का उछालने पर कोई विशेष संख्या, जैसे छः, ऊपर आयेगी, इसकी क्या संभाव्यता है? सभी संभव स्थितियों की क्या संख्या है यहाँ? घन अपनी छे फलिकाओं में से किसी पर भी गिर सकता है, अर्थात् कुल 6 स्थितियाँ संभव हैं। इनमें से इष्ट स्थिति सिर्फ एक है—कि छः आये। इस प्रकार, संभाव्यता 1 में 6 से भाग देने पर प्राप्त हो जायेगी। संक्षेप में कह सकते हैं कि वह अनुपात $\frac{1}{6}$ द्वारा व्यक्त होती है।

—क्या हर बात की संभाव्यता का परिकलन संभव है? —एक महिला ने पूछा। ऐसा उदाहरण लें। मैं कहती हूँ : अभी खिड़की से हम जिस पहले गुजरने वाले व्यक्ति को देखेंगे, कोई पुरुष होगा। इस बात की कितनी संभाव्यता है?

चित्र 59. छक्का।

—इसकी संभाव्यता संभवतः आधी है, यदि मान लें कि साल भर का बच्चा भी पुरुषों में गिना जाता है दुनिया में पुरुषों और स्त्रियों की संख्या बराबर है।

—और इसकी क्या संभाव्यता होगी कि पहले दो गुजरने वालों में से दोनों ही पुरुष होंगे? —किसी और ने पूछा।

—इसका परिकलन कुछ लोगों के लिये थोड़ा जटिल हो सकता है।

पहले सभी संभव स्थितियों को देखें। प्रथमतः, संभव है कि दोनों ही पुरुष हों। दूसरी, पहले पुरुष गुजरता है, फिर स्त्री गुजरती है। तीसरे, इसके विपरीत, पहले स्त्री गुजरती है, फिर पुरुष गुजरता है। और अंत में, दोनों ही औरतें हैं। इस प्रकार, सभी संभव स्थितियों की संख्या 4 हुई। इसमें से इष्ट सिर्फ पहली स्थिति है। अतः इसकी संभाव्यता $\frac{1}{4}$ अंश होगी। यह रहा आपके प्रश्न का उत्तर।

—समझ गया। पर **तीन** पुरुषों का भी प्रश्न हो सकता है : क्या संभाव्यता है कि प्रथम तीन गुजरने वालों में से **तीनों** ही पुरुष होंगे?

—इसे भी हल कर लेंगे। इस बार भी शुरू करते हैं सभी संभव स्थितियों की गणना से। दो गुजरने वालों के लिये सभी संभव स्थितियों की संख्या हमने 4 निर्धारित की है। यदि यहाँ तीसरे गुजरने वाले को भी मिला लिया जाये, तो सभी संभव स्थितियों की संख्या दुगुनी हो जायेगी, क्योंकि उपरोक्त चारों स्थितियों के साथ या तो स्त्री होगी या पुरुष होगा (तीसरा व्यक्ति)। अतः सभी संभव स्थितियों की कुल संख्या यहां $4 \times 2 = 8$ है। इष्ट स्थिति सिर्फ एक है, अतः इसकी संभाव्यता $\frac{1}{8}$ होगी। यहां परिकलन का नियम साधारण है : दो गुजरने वाले लोगों की स्थिति में संभाव्यता $\frac{1}{2} \times \frac{1}{2} = \frac{1}{4}$ थी; तीन की स्थिति में $\frac{1}{2} \times \frac{1}{2} \times \frac{1}{2} = \frac{1}{8}$; चार की स्थिति में चार अर्द्धों का गुणनफल, आदि। संभाव्यता, जैसा कि आप देख रहे हैं, घटती ही जा रही है।

—दस गुजरने वाले लोगों की स्थिति में संभाव्यता क्या होगी?

—अर्थात्, इसकी क्या संभाव्यता है कि पहले दस गुजरनेवाले लोगों में से सभी पुरुष होंगे? देखें कि दस अर्द्धों का आपसी गुणनफल कितना होता है। यह $\frac{1}{1024}$, अर्थात् सहस्त्रांश से कुछ कम है। अर्थात्, यदि आप एक रूबल की शर्त्त लगाते हैं कि यह होगा, तो मैं 1000 रूबल की बाजी लगाने को तैयार हूँ कि यह नहीं होगा।

—शर्त्त फायदे की है। मैं 1000 रूबल जीतने के लिये एक रूबल की बाजी लगा सकता हूँ। —किसी ने कहा।

—लेकिन मेरे जीतने की संभावना हजार गुनी अधिक है, इसे भी तो ध्यान में रखें।

—कोई फर्क नहीं पड़ता। एक हजार जीतने के लिये एक रूबल का खतरा इस बात के लिये भी मोल ले सकता हूँ कि पहले गुजरने वाले दस लाख लोगों में सभी पुरुष हैं।

—और आप कल्पना कर सकते हैं कि इस घटना की संभाव्यता कितनी कम है? —गणितज्ञ ने पूछा।

—कोई करोड़वाँ भाग होगा और क्या।

—इससे भी बहुत कम ! करोड़वाँ भाग तो करीब 20 गुजरने वालों के लिये होगा। सौ गुजरने वालों के लिये......अभी बताता हूँ, जरा कागज-पेन्सिल दें तो। एक अरब....खरब.....नील.....महाशंख.....ओहो ! एक पर तीस शून्य !

—बस, इतना ही?

—एक पर तीस शून्य कम लग रहे हैं क्या? इतनी तो सागर में बूंदें भी नहीं होंगी।

—संख्या बड़ी है, इसमें कोई शक नहीं ! कितना आप दाँव पर रखने के लिये तैयार हैं मेरे एक रूबल की शर्त्त के लिये?

—हा....हा ! सब कुछ ! सब कुछ, जो मेरे पास है।

—सब कुछ तो बहुत हो गया। आप अपनी सायकिल ही रख दीजिये। डरते हैं?

—बिल्कुल नहीं। आप चाहते हैं, तो सायकिल ही सही। मैं कोई खतरा मोल नहीं ले रहा हूँ।

—मैं भी कोई खतरा मोल नहीं ले रहा हूँ। एक रूबल की ही तो बात है। पर पूरी सायकिल जीतने की उम्मीद है। आप जीतेंगे तो आपको लगभग कुछ भी नहीं मिलेगा।

—पर आप बात तो समझिये। आप जरूर हारेंगे। सायकिल आपके हाथ कभी नहीं आयेगी और आपका रूबल समझ लीजिये कि मेरी जेब में आ चुका है।

—आप कर क्या रहे हैं? —गणितज्ञ के मित्र ने रोकने की कोशिश की। —एक रूबल के लिये अपनी सायकिल खतरे में डाल रहे हैं। यह पागलपन है।

—उल्टा, —गणितज्ञ ने उत्तर दिया, —ऐसी स्थिति में एक रूबल की भी शर्त्त लगाना पागलपन है। हार अवश्यंभावी है ! यह रूबल को सीधा पानी में फेंकने के बराबर होगा।

—पर कम से कम एक संयोग की तो आशा की जा सकती है?

—आपका यह संयाग सागर में एक बूंद के बराबर भी नहीं है। और मेरे पक्ष में दस सागर हैं। मेरी जीत दो-दुने-चार की भाँति स्पष्ट है।

—सनक में मत बहिये, —यह शांत आवाज वृद्ध की थी, जो अब तक चुपचाप बैठा बहस सुन रहा था। —आप गलत हैं।

—कैसे? प्रोफेसर साहेब, क्या आप भी साधारण लोगों की तरह सोच रहे हैं?

—आप ने यह तो सोचा ही नहीं कि यहां सभी स्थितियाँ समान मूल्य नहीं रखतीं। संभाव्यता की गणना कैसी स्थितियों के लिये की जाती है? जिनकी संभाव्यता समान हो। और दी गयी परिस्थितियों में......खैर छोड़िये, —प्रोफेसर ने ध्यान से कुछ सुनते हुए कहा, —वास्तविकता अभी स्वयं आपकी गलती बता देगी। लगता है कि युद्ध-संगीत का वादन हो रहा है, है न?

—युद्ध-संगीत से इसका क्या संबंध है?.....—युवा गणितज्ञ कहने ही वाला था, पर चुप रह गया। उसका चेहरा भयभीत हो उठा। वह अपनी जगह से उछल कर खिड़की के पास गया और बाहर झाँकने लगा।

—आप सही हैं। —उसका उदास स्वर सुनायी दिया। —बाजी हार चुका हूँ ! विदा, मेरी सायकिल.....

मिनट भर बाद सब समझ गये कि बात क्या है। खिड़की के सामने से सैनिकों का एक बटालियन गुजर रहा था।

68. दैत्य-संख्यायें—हमारे भीतर और बाहर. दैत्य-संख्याओं का दर्शन करने के लिये किसी स्थिति-विशेष की खोज आवश्यक नहीं है। वे हमारे इर्द-गिर्द और यहां तक कि हमारे भीतर भी, हर जगह, विराजमान हैं। सिर्फ हमें देखना आना चाहिये। आकाश, जिसके नीचे हम जी रहे हैं; रेत, जिसपर हम चलते हैं; वायु, जिसमें हम साँस ले रहे हैं और रक्त, जो हमारी धमनियों में बहता है—ये सब दैत्य-संख्याओं को अपने भीतर अदृश्य छिपा कर रखते हैं। अंतरिक्ष

में छिपी दैत्य-संख्यायें अधिकांश लोगों के लिये कोई नयी बात नहीं हैं। चाहे आप तारों की संख्या की बात करें या उनकी दूरियों की, उनके आकार की, वजन की या उनकी उम्र की, —हर हालत में अपनी विराटता से आपकी कल्पना-शक्ति कुंद करने का सामर्थ्य रखने वाली संख्यायें दृष्टिगोचर होंगी। "अंतरिक्षी संख्या" —रूसी में इसे यूं ही मुहावरे की तरह नहीं प्रयुक्त किया जाता। पर बहुत से लोग यह नहीं जानते कि जिन आकाश-पिंडों को खगोलशास्त्री "लघु" की संज्ञा देते हैं, वे भी हमारी पार्थिव इकाइयों की तुलना में विशाल ही हैं। हमारे सौर-मंडल में ही कुछ ग्रह हैं, जिन्हें खगोलविद् उनके छोटे आकार के कारण "नन्हा" कहते हैं। उनमें ऐसे भी हैं, जिनके व्यास कुछ किलोमीटरों में मापे जाते हैं। बड़े विशाल पैमानों के आदी होने के कारण खगोलविद् उपेक्षा से उन्हें "नन्हा" कह कर पुकारते हैं। पर वे सिर्फ अन्य आकाश-पिंडों की तुलना में नन्हें हैं। मानवीय माप-दंडों की तुलना में वे बिल्कुल नन्हे नहीं हैं। उदाहरण के लिये एक "नन्हे" ग्रह को लें, जिसका व्यास 3 कि॰मी॰ है। रेखागणित के नियमों द्वारा हम ज्ञात कर सकते हैं कि इसकी सतह का क्षेत्रफल 28 वर्ग कि॰मी॰, या 28 000 000 वर्ग मी॰ होगा। एक वर्ग मीटर जमीन पर 7 आदमी खड़े हो सकते हैं। अतः 280 लाख वर्ग मीटर की सतह पर 1960 लाख व्यक्तियों को जगह मिल जायेगी।

रेत भी, जिसपर हम चलते हैं, हमें दैत्य-संख्याओं के देश की सैर करा सकता है। "रेत-कणों की तरह असंख्य" या "बालुका-राशि" मुहावरे भी निराधार नहीं हैं, और ये काफी प्राचीन मुहावरे हैं। फिर भी प्राचीन काल के लोगों ने रेत-कणों की संख्या को तारों की संख्या के बराबर मान कर उसकी विराटता का अवमूल्यन ही किया है। पुराने जमाने में दूरदर्शक नहीं थे और नंगी आँखों से सिर्फ 3500 के लगभग तारे (आकाश के एक गोलार्द्ध में) दिखते हैं। समुद्र-तटों पर बालू-कणों की संख्या इससे कहीं अरबों गुनी अधिक है।

सही मायने में दैत्य-संख्यायें हवा में छिपी हैं, जिसमें हम साँस लेते हैं। हवा के प्रत्येक घन से॰मी॰ में 27 शंख (अर्थात् 27 पर 18 शून्य) नन्हे कण हैं, जिन्हें अणु कहते हैं।

आप कल्पना नहीं कर सकते कि यह कितनी बड़ी संख्या है। यदि

दुनिया में इतने लोग होते, तो उनके लिये हमारे ग्रह पर जगह नहीं होती। महादेशों, सागरों आदि सबको मिला कर पृथ्वी-तल का क्षेत्रफल 5000 लाख वर्ग कि॰मी॰ है। इसे वर्ग मीटर में परिणत करें तो प्राप्त होगा।

500 000 000 000 000 वर्ग मीटर।

इससे 27 शंख में भाग देने पर प्राप्त होता है 54000। अर्थात् पृथ्वी-तल के प्रति वर्ग मीटर पर 50000 से भी अधिक व्यक्ति होते !

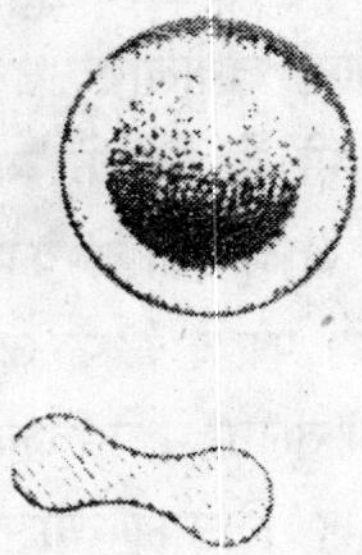

चित्र 60

यह कहा जा चुका है कि दैत्य-संख्यायें मानव-शरीर में भी छिपी हैं। यह हम रक्त के उदाहरण से दिखाते हैं। यदि उसकी एक बूंद सूक्ष्मदर्शक की सहायता से देखें, तो उसमें असंख्य अत्यंत छोटे लाल रंग के कण दिखेंगे। ये ही वे कण हैं, जिनके कारण रक्त लाल दिखता है। इस प्रकार का हर "लाल रक्त-कण" बीच में दबे हुए "गोल तकिये" के आकार का होता है (चित्र 60)। उसका व्यास लगभग 0,007 मि॰मी॰ होता है और उसकी मुटाई 0,002 मि॰मी॰ होती है। पर उनकी संख्या विराट होती है। एक घन मि॰मी॰ रक्त में उनकी संख्या 50 लाख होती है। पूरे शरीर में उनकी संख्या कितनी है? किलोग्रामों में मनुष्य के वजन से 14 गुना कम लीटर उसका रक्त होता है। यदि आप का वजन 40 कि॰ग्रा॰ है, तो आपके शरीर में लगभग 3 लीटर, अर्थात् 3 000 000 घन मि॰मी॰ रक्त है। चूंकि हर घन मि॰मी॰ में लाल रक्त कणों की संख्या 50 लाख है, पूरे शरीर में उनकी संख्या होगी :

$$5\ 000\ 000 \times 3\ 000\ 000 = 15\ 000\ 000\ 000\ 000.$$

15 खरब रक्त कण ! यदि इन नन्हे कणों को एक कतार में रखा जाये, तो उसकी लंबाई 105000 कि॰मी॰ होगी। इतने लंबे धागे से पृथ्वी को भूमध्य-रेखा पर से

$$1\ 000\ 00 : 40\ 000 = 2,5 \text{ बार}$$

लपेटा जा सकता है। किसी वयस्क व्यक्ति के शरीर के लाल रक्त-कणों से बने धागे से पृथ्वी 3 बार लपेटी जा सकती है।

चित्र 61. मनुष्य अपने जीवन काल में इतना खाता है।

अब हम समझा देते हैं कि हमारे शरीर के लिये इन कणों के इतने छोटे होने का क्या महत्त्व है। इनका कार्य है—पूरे शरीर के विभिन्न भागों में अम्लजन (आक्सीजन) फैलाना। जब रक्त फेफड़ों से होकर निकलता है, लाल रक्त-कण आक्सीजन अपने साथ ले लेते हैं और फिर रक्त के साथ बहते हुए फेफड़े से दुरस्थ तन्तुओं को दे देते हैं। इतना छोटा होने के कारण ही वे इस कार्य को करने में समर्थ हैं वे जितने छोटे होंगे और जितनी अधिक संख्या में होंगे, उतना ही अधिक उनके बाह्य सतह का कुल क्षेत्रफल होगा और उतना ही अधिक आक्सीजन अपने साथ ढो सकेंगे, क्योंकि अपनी सतह के माध्यम से ही वे आक्सीजन सोखते और निकालते हैं। परिकलन दिखाते हैं कि उनकी सतह का कुल क्षेत्रफल (1200 वर्ग मी.) मानव-शरीर की सतह के क्षेत्रफल के कई हजार गुना अधिक है। ऐसा क्षेत्रफल 40 मीटर लंबी व 30 मीटर चौड़ी जमीन की टुकड़ी का होता है। अब आप समझ सकते हैं कि रक्त कणों का नन्हा होना तथा विराट संख्या में होना शरीर के लिये कितना बड़ा महत्त्व रखता है : इन्हीं दो कारणों से वे हमारे शरीर की कुल सतह से हजार गुनी बड़ी सतह द्वारा आक्सीजन को "कैद" तथा "मुक्त" कर पाते हैं।

70 वर्ष की औसत उम्र में एक आदमी जितने प्रकार का जितना खाना खाता है, इसकी यदि गणना करें, तो प्राप्त परिणाम को सही मायने में दैत्य-संख्या के नाम से पुकारा जा सकता है। मनुष्य अपने जीवन-काल में जितने टन पानी, रोटी, मांस, मछली, अण्डे, घी, दूध, दही, सब्जियां आदि हजम करता है, उन्हें ढोने के लिये एक पूरी लंबी मालगाड़ी की आवश्यकता पड़ेगी। चित्र 61 मानव-शरीर के वजन से हजारों गुनी अधिक की भोजन-सामग्री को ही दिखाता है। इसे देखकर विश्वास नहीं होता कि एक आदमी इतना खा सकता है, यद्यपि यह सच है कि वह इसे एक ही बार में नहीं खाता।

बिना स्केल के

69. कदमों में राह नापें. गज या नापने का फीता हमेशा पास नहीं होता, अतः बिना उनकी मदद के ही कम से कम समीपवर्ती नाप लेने के लिये कुछ विधियों की जानकारी होनी चाहिये।

लंबी दूरियों को कदमों में नापना सबसे सरल है। निस्संदेह, वे समान लंबाइयों के नहीं होते : हमारे कदम छोटे-बड़े भी हो सकते हैं। फिर भी साधारण चाल से चलने पर कदमों की लंबाइयां लगभग समान होती हैं। यदि उनकी औसत लंबाई ज्ञात हो, तो बिना किसी त्रुटि के दूरियों को कदमों में नापा जा सकता है।

अपने कदमों की औसत लंबाई जानने के लिये पहले बहुत से कदमों की कुल लंबाई ज्ञात करते हैं और फिर एक कदम की औसत लंबाई का परिकलन करते हैं। इसके लिये नापने के फीते बगैर काम नहीं चलेगा।

समतल भूमि पर फीते की मदद से लगभग 20 मीटर की दूरी नाप लें। जमीन पर फीते का निशान डाल कर फीता हटा लें। अब निशान की रेखा पर साधारण कदमों से चलें। हो सकता है कि इस लंबाई में आपको कदमों की पूर्ण संख्या नहीं मिले। इस स्थिति में यदि आखिरी कदम साधारण कदम के आधे से छोटा हो, तो उसे छोड़ देते हैं, और यदि आधे से बड़ा हो, तो उसे एक के बराबर मान लेते हैं। 20 मीटर की दूरी में कदमों की कुल संख्या से भाग देने पर एक कदम की औसत लंबाई निकल आयेगी।

यह लंबाई याद रख लेनी चाहिये, ताकि जरूरत पड़ने पर आप किसी दूरी को नाप सकें।

दूरियाँ नापने के लिये कदमों को गिनते वक्त गिनती से बहके नहीं या गिनती भूल न जायें—इसके लिये निम्न विधि का उपयोग करते हैं। कदमें सिर्फ 10 तक गिनते हैं और बायें हाथ की एक उंगली मोड़ लेते हैं। जब बायें हाथ की सारी उंगलियां मुड़ चुकी होती हैं, अर्थात् आप 50 कदम चल चुके हैं, दायें हाथ की एक उंगली मोड़ लेते हैं। दायें हाथ की मुड़ी उंगलियां बताती हैं कि आप कितनी बार 50 कदम चल चुके हैं। इस तरह 250 तक गिना जा सकता है। इसके बाद फिर से शुरू करते हैं। यह याद रखना पड़ता है कि दायें हाथ की सारी उंगलियां कितनी बार मुड़ चुकी हैं। उदाहरण के लिये, यदि कोई दूरी तय करने में आप दायें हाथ की सारी उंगलियां दो बार मोड़ चुके हैं और अंत में दायें हाथ की तीन उंगलियां तथा बायें हाथ की चार उंगलियां मुड़ी हों, तो उक्त दूरी में कदमों की संख्या होगी :

$$2 \times 250 + 3 \times 50 + 4 \times 10 = 690.$$

इसमें कुछ वे कदम भी जोड़ देने चाहिये, जो आप बायें हाथ की चौथी उंगली मोड़ने के बाद चले हैं।

इस सिलसिले में आपको एक पुराने नियम की याद दिला दूं : वयस्क आदमी के औसत कदम की लंबाई तलुवों से आँखों तक की लम्बाई की आधी होती है।

चलने की गति से संबंधित एक दूसरा प्राचीन व्यावहारिक नियम है : आदमी एक घंटे में कुल उतने किलोमीटर चलता है, जितने कदम वह तीन सेकेंड में तय करता है। सरलतापूर्वक दिखाया जा सकता है कि यह नियम सिर्फ विशेष कदमों के लिये ही सही है। माना कि कदम की लंबाई x मी॰ है और तीन सेकेंड में कदमों की संख्या ठीक n है। तब पैदल-यात्री 3 सेकेंडों में nx मी॰ दूरी तय करता है। इस प्रकार एक घंटे (3600 सेकेंड) में वह $1200nx$ मी॰ या $1, 2nx$ कि॰मी॰ की दूरी तय करता है। यह दूरी 3 सेकेंड में चले गये कदमों की संख्या के बराबर हो, इसके लिये आवश्यक है कि निम्न समीकरण सही हो :

$$1.2nx = n \text{ या } 1.2x = 1$$

जहाँ से $x = 0.83$ मी.।

यदि इसके पहले का नियम (कि कदम की लंबाई आदमी की लंबाई पर निर्भर करती है !) हमेशा सही है, तो दूसरा नियम सिर्फ साधारण कद के (लगभग 175 से.मी. ऊँचे) लोगों के लिये ही सही है।

70. सजीव मान-दंड. मध्यम आकार की वस्तुओं की लंबाई बिना किसी उपकरण के निम्न प्रकार से नापते हैं। कोई रस्सी या छड़ी एक कंधे से दूसरे फैले हुए हाथ की उंगलियों तक तान लेते हैं। वयस्क आदमी के लिये यह लंबाई लगभग 1 मीटर की होती है। एक मीटर की लंबाई मापने का एक और तरीका यह है कि सरल रेखा पर छः बित्ते, अर्थात् अधिकतम फैलाव पर स्थित अंगूठे और तर्जनी के बीच की दूरी की छः गुनी लंबाई, नाप लें। यह लगभग एक मीटर होगी।

आखिरी विधि "खाली हाथ" नापने की कला बताती है। इसके लिये हाथ संबंधी कुछ लंबाइयां पहले से नाप कर याद कर लेते हैं।

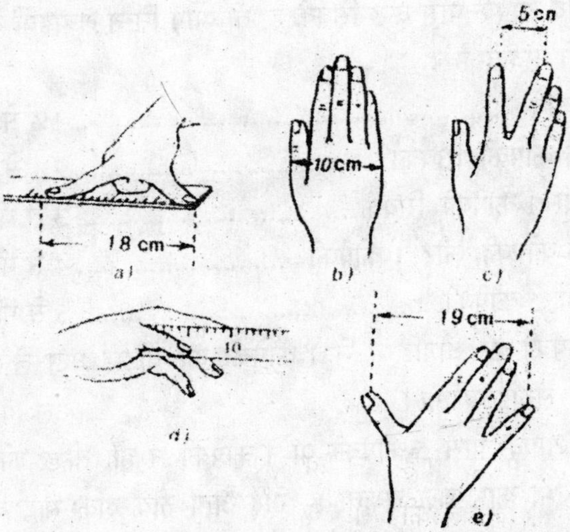

चित्र 62. पहले ये लंबाइयां हाथ पर नाप लें, ताकि फिर नापने के फीते बिना काम चला सकें।

क्या-क्या नापें लेनी पड़ती हैं? सबसे पहले तो, जैसा कि चित्र 62, *b* में दिखाया गया है, हथेली की चौड़ाई नापते हैं। वयस्क आदमी के हाथ में यह लगभग 10 से॰मी॰ की होती है। आपके हाथ में यह लम्बाई कुछ कम या ज्यादा हो सकती है। आपको याद रखना होगा कि कितना फर्क है। इसके बाद, अधिकतम फैलाव पर तर्जनी और मध्यमा के सिरों के बीच की दूरी नापते हैं (चित्र 62, *c*)। अपनी तर्जनी की लंबाई जानना भी लाभदायक होता है (चित्र 62, *d*)। और अंत में, अंगूठे और कनिष्ठा को अधिकतम फैलाने से प्राप्त उनके सिरों के बीच की दूरी जाननी चाहिये (चित्र 62, *e*)। इन सजीव पैमानों की मदद से आप छोटी-मोटी वस्तुओं की समीपवर्ती मापें ज्ञात कर सकते हैं।

71. सिक्कों की मदद से नापना. आधुनिक धातुई सिक्के भी चीजों की लंबाई नापने में सहायक सिद्ध हो सकते हैं। बहुत कम ही लोगों को ज्ञात होगा कि तांबे के एक कोपेक के सिक्के का व्यास सही-सही $1\frac{1}{2}$ से॰मी॰ का होता है। और पाँच के सिक्के का व्यास होता है $2\frac{1}{2}$ से॰मी॰। यदि इन दोनों को पास-पास रखा जाये, तो 4 से॰मी॰ (चित्र 63) की दूरी नापी जा सकती है। अतः यदि आपके पास कुछ सिक्के हैं, तो आप निम्न लंबाइयों की बिल्कुल सही नाप ले सकते हैं :

कोपेक .... 1½ से॰मी॰
5-कोपेकी सिक्का .... 2½ से॰मी॰
दो 1-कोपेकी सिक्के............................. 3 से॰मी॰
5-कोपेकी और 1-कोपेकी .... 4 से॰मी॰
दो 5-कोपेकी.. 5 से॰मी॰ आदि।

5-कोपेकी की चौड़ाई में से 1-कोपेकी की चौड़ाई घटा लेने पर ठीक 1 से॰मी॰ की लंबाई बचेगी।

यदि आपके पास 5-कोपेकी या 1-कोपेकी न हों, तो 2-कोपेकी और 3-कोपेकी से भी काम चल सकता है, यदि आप ठीक-ठाक याद कर लें कि इन दोनों सिक्कों की चौड़ाइयां मिल कर 4 से॰मी॰ के तुल्य होती हैं (चित्र 64)। इस प्रकार आप 4 से॰मी॰ लंबा कागज का टुकड़ा प्राप्त कर सकते हैं

और फिर यदि उसे बीच से मोड़ कर एक बार फिर से मोड़ दें, तो एक-एक सेंटीमीटर से चिह्नित चार से॰मी॰ का माप-दंड मिल जायेगा।

चित्र 63. कोपेक और पाँच कोपेकी को सटा कर रखने से 4 से॰मी॰ की लम्बाई नाप सकते हैं।

आप देखते हैं कि खोजने और थोड़ी माथा-पच्ची करने पर आप स्केल के बिना भी लंबाइयों की काम-चलाऊ माप ज्ञात कर सकते हैं।

चित्र 64. तीन कोपेकी और दो कोपेकी की चौड़ाइयाँ मिलकर 4 से॰मी॰ के बराबर होती है।

इन जानकारियों में यह भी जोड़ लेना लाभदायक होगा कि तांबे के सिक्कों का वजन तौलने की इकाइयों के रूप में भी इस्तेमाल किया जा सकता

है। तांबे के नये सिक्के, जो घिसे-पिटे नहीं हैं, उतने ही ग्राम भारी होते हैं, जितने उनमें कोपेक होते हैं—1-कोपेकी में 1 ग्राम, दो-कोपेकी में 2 ग्राम, आदि। घिसे सिक्के इन मानकों से बहुत कम ही भिन्न होते हैं। चूंकि किसी छोटी-मोटी चीज का वजन लेते वक्त अक्सर 1-10 ग्राम तक के बाट उपलब्ध नहीं होते, तो ये जानकारियां काफी सहायक सिद्ध हो सकती है।

अध्याय 10

बारिश और हिमपात की ज्यामिति

95. वृष्टिमापी. अक्सर कहते हैं कि लेनिनग्राद बहुत ही बारिश का क्षेत्र है, मास्को से कहीं अधिक। पर वैज्ञानिकों का मत कुछ और ही है। वे कहते हैं कि मास्को को वर्षा से अधिक पानी प्राप्त होता है, बनिस्बत कि लेनिनग्राद को। कैसे वे ज्ञात करते हैं? क्या यह नापना संभव है कि वर्षा अपने साथ कितना पानी लाती है?

यह कठिन प्रतीत होता है, पर बारिश का हिसाब-किताब रखना आप भी सीख सकते हैं। यह मत सोचिये कि इसके लिये आपको बारिश का सारा पानी जमा करना पड़ेगा। इसके लिये आपको सिर्फ उस परत की **मुटाई** को नापना पड़ेगा, जो वर्षा के रूप में गिरे पानी से बनती है, यदि यह पानी जमीन द्वारा सोखा न जाये या इधर-उधर बह न जाये। और यह कोई कठिन काम नहीं है। क्योंकि जब वर्षा होती है, उसकी बूंदें सारे क्षेत्र पर समान रूप से पड़ती हैं : ऐसा नहीं होता कि किसी के बाड़े में कम बूंदें पड़ें और दूसरे में अधिक। यदि हम पूरे क्षेत्र के सिर्फ एक छोटे हिस्से में गिरे पानी की परत की मुटाई नाप लें, तो सारे क्षेत्र में गिरे पानी की मुटाई ज्ञात हो जायेगी।

अब शायद आप समझ गये होंगे कि वर्षा के रूप में गिरे पानी की परत की मुटाई नापने के लिये क्या करना चाहिये। इसके लिये कोई ऐसा क्षेत्र बनाना चाहिये, जिसमें वर्षा की बूंदें स्थिर रहें और जमीन में सोखी न जायें। कोई भी खुला बरतन, जैसे बाल्टी, यह काम कर सकता है। यदि आपके

पास खड़ी दीवारों वाली बाल्टी हो (ऐसी कि ऊपर से नीचे तक उसकी चौड़ाई समान हो), तो उसे एक खुली जगह पर रख दीजिये।* जब बारिश खत्म हो जाये, उसमें एकत्रित पानी की ऊँचाई नाप लीजिये–पारिकलन के लिये आवश्यक सामग्री आपकी पूर्ण रूप से प्राप्त हो जायेगी।

अब इस घरेलू "वृष्टिमापी" को सविस्तार देखें। बाल्टी में पानी के स्तर को किस प्रकार नापा जाये?क्या उसमें लंबाई नापने की स्केल घुसा दें?लेकिन यह तभी सुविधाजनक होगा, जब बाल्टी में पानी काफी हो। यदि पानी की परत, जैसा कि अक्सर होता है, 2—3 से॰ मी॰ या सिर्फ मि॰ मी॰ मोटी हो, तो इस विधि से उस की मुटाई सही-सही नापना असंभव है। यहाँ एक-एक मिलीमीटर, यहाँ तक कि उसका दशांश भी महत्त्व रखता है। फिर क्या किया जाये?

बेहतर होगा कि आप पानी को शीशे के किसी सँकरे बरतन में ढाल दें। ऐसे बरतन में पानी की सतह ऊँची होगी और पारदर्शक दीवार से सुगमतापूर्वक दिख सकेगी। आप समझ रहे होंगे कि सँकरे बरतन में पानी की सतह उस परत की मुटाई नहीं बताती, जिसे हम नापना चाहते हैं। लेकिन एक नाप को दूसरे में परिवर्तित करना आसान है। माना कि सँकरे बरतन के तल का व्यास हमारे "वृष्टिमापी" के तल से दस गुना कम है। अतः उसके तल का क्षेत्रफल बाल्टी के तल के क्षेत्रफल से 10×10, अर्थात् 100 गुना कम है। स्पष्ट है कि बाल्टी से उसमें ढाले गये पानी का स्तर 100 गुना अधिक ऊँचा होगा। अर्थात्, यदि बाल्टी में पानी की परत 2 मि॰ मी॰ मोटी थी, तो सँकरे बरतन में वह 200 मि॰ मी॰ या 20 से॰ मी॰ मोटी होगी।

इस परिकलन से आप देखते हैं कि शीशे का बरतन बाल्टी से बहुत अधिक संकीर्ण नहीं होना चाहिये, अन्यथा उसे काफी ऊँचा होना पड़ेगा। पर्याप्त रहेगा, यदि आप बाल्टी से सिर्फ 5 गुना सँकरा शीशे का बरतन लेते हैं। इस हालत में उसके तल का क्षेत्रफल 25 गुना कम होगा और उसमें ढाले गये

---

* बाल्टी को किसी ऊँची जगह पर रखना चाहिये, ताकि वर्षा की बूंदों के जमीन पर टकराने से बने छींटे उसमें न पड़े।

पानी का स्तर उतना ही गुना ऊँचा उठेगा। बाल्टी में एक मि. मी. मोटी पानी की परत शीशे के बरतन में 25 मि. मी. मोटी परत बनायेगी। अतः अच्छा होगा, यदि आप शीशे के बरतन पर बाहर से एक कागज की पट्टी चिपका दें और उस पर 25-25 मिलिमीटरों की दूरी पर निशान लगा लें और उन्हें 1, 2, 3 आदि से क्रमांकित कर दें। तब आप सँकरे बरतन में पानी की ऊँचाई देख कर बिना किसी परिकलन के ज्ञात कर लेंगे कि बाल्टी में उसकी क्या ऊँचाई थी। यदि सँकरे बरतन की चौड़ाई 5 गुनी नहीं, बल्कि चार गुनी कम है, तो निशान हर 16 मि. मी. के अंतराल पर लगाने होंगे।

संकरे मापन-मात्र में बाल्टी की किनारी से पानी ढालना काफी असुविधाजनक है। बाल्टी की दीवार में एक छोटा गोल छेद कर देना और उसे शीशे की डाट से बंद रखना बेहतर रहेगा। इस छेद से पानी ढालना कहीं अधिक सुविधाजनक होगा।

अब आपके पास वर्षा-जल की परत कितनी मोटी है, नापने का उपकरण तैयार है। निस्संदेह, बाल्टी और घरेलू मापन-पात्र वर्षा की उतनी सही माप नहीं बता सकते, जितनी की मौसम-अध्ययन केंद्रों में प्रयुक्त होने वाले वास्तविक वृष्टि-मापी और मापन-पात्र बता सकते हैं। फिर भी, आपके सरलतम सस्ते उपकरण कई अत्यंत ज्ञानवर्धक परिकलन संपन्न करने में सहायक हो सकते हैं।

ये ही परिकलन अभी हम करेंगे।

96. कितना पानी? मान लीजिये कि आपके पास 40 मीटर लंबा और 24 मीटर चौड़ा एक बाड़ा है। पानी बरसा और आप जानना चाहते हैं कि बाड़े में कितना पानी पड़ा। कैसे यह ज्ञात करें?

शुरूआत निस्संदेह वर्षा-जल की परत की मुटाई के निर्धारण से करते हैं : इस आँकड़े के बिना कोई भी परिकलन असंभव है। माना कि आपका वृष्टि-मापी बताता है कि वर्षा से 4 मि. मी. मोटी पानी की परत बनती है। हिसाब करें कि बाड़े के प्रति वर्ग मीटर क्षेत्र पर कितना घन से. मी. पानी होता, यदि जमीन में सोखा नहीं जाता। एक वर्ग मीटर की लंबाई 100 से. मी. तथा चौड़ाई 100 से. मी. होती है। उस पर 4 मि. मी. या 0.4 से. मी.

मोटी पानी की परत है। अतः पानी की इस परत का आयतन 100 × 100 × 0.4 = 4000 घन से॰ मी॰ होगा।

आप जानते हैं कि 1 घन से॰ मी॰ पानी का वजन 1 ग्राम होता है। अतः बाड़े के हर वर्ग मीटर क्षेत्र पर 4000 ग्राम, अर्थात 4 कि॰ ग्रा॰ पानी पड़ा है। बाड़े में कुल 40 × 24 = 960 वर्ग मीटर हैं। अतः वर्षा लगभग 4 टन (4 × 960 = 3840 कि॰ ग्रा॰) पानी से बाड़े की सिंचाई करती है।

दृश्य-सुगमता के लिये यह भी परिकलन कर लें कि इतने पानी से यदि आपको बाड़े की सिंचाई खुद करनी होती, तो आपको कितनी बाल्टियाँ ढोनी पड़तीं। एक बाल्टी में लगभग 12 कि॰ ग्रा॰ पानी आता है। अतः बारिश से कुल 3840 : 12 = 320 बाल्टी पानी मिला है।

इस प्रकार, करीब-चौथाई घंटे की वर्षा द्वारा की गई सिंचाई के तुल्य काम करने के लिये आपको 300 से अधिक बाल्टी पानी ढोना पड़ता।

संख्याओं में हल्की या घोर वर्षा को कैसे व्यक्त करेंगे? इसके लिये निर्धारित करना होगा कि **एक मिनट में** कितना मिलीमीटर पानी पड़ता है। इसे हम अवसादन-शक्ति कहते हैं। यदि वर्षा ऐसी हो कि **प्रति मिनट** औसत 2 मि॰ मी॰ पानी की परत बनती है, तो यह घनघोर वर्षा है। जब झींसी पड़ती है, तो घंटे या इससे भी अधिक समय में कहीं 1 मि॰ मी॰ पानी जमा होता है।

इस प्रकार आप देखते हैं कि वर्षा के रूप में गिरने वाले पानी को नापना असंभव नहीं है और कुछ जटिल भी नहीं है। यही नहीं, यदि आप चाहें तो वर्षा की बूंदें भी लगभग की संख्या में ज्ञात कर सकते हैं।* साधारण वर्षा की 12 बूंदे मिलकर एक ग्राम के बराबर होती हैं। अतः जिस वर्षा की बात हम ऊपर कर रहे थे, बाड़े के एक वर्ग मीटर क्षेत्र में उसकी 4000 × 12 = 48000 बूंदे पड़ी थीं।

आप यह भी ज्ञात कर सकते हैं कि पूरे बाड़े पर वर्षा की कितनी

---

* वर्षा हमेशा बूंदों के रूप में होती है; तब भी, जब वह सतत धार के रूप में प्रतीत होती है (जैसे मुसलाधार वर्षा में)।

बूंदें गिरी होंगी। लेकिन बूंदे आप सिर्फ मनोरंजन के लिये गिन सकते हैं; इससे कोई व्यावहारिक लाभ नहीं है। हम सिर्फ यह दिखाना चाहते थे कि पहली निगाह में असंभव प्रतीत होने वाले परिकलन भी संपन्न किये जा सकते हैं, यदि आपको करना आता हो।

97. कितना हिम? हम वर्षा के रूप में गिरे पानी की मात्रा ज्ञात करना सीख चुके हैं। और ओले के रूप में गिरे पानी को कैसे नापें? ठीक उसी विधि से। ओले वृष्टिमापी में गिरते हैं और थोड़ी देर में पिघल कर जल में परिवर्तित हो जाते हैं। आप इस जल को नाप लेते हैं और आपको आवश्यक आँकड़े मिल जाते हैं।

बर्फ के फाहों के रूप में गिरे पानी को अन्य विधि से नापना पड़ता है। यहाँ हमारा वृष्टि-मापक अत्यंत अशुद्ध परिणाम देगा, क्योंकि बाल्टी में गिरे बर्फ के फाहे हवा के झोंके से पुनः वातावरण में उड़ जाते हैं। लेकिन इस हिमपात से प्राप्त पानी को नापने के लिये बिना किसी वृष्टि-मापी के भी काम चला सकते हैं: आंगन, बाड़े या खेत में पड़ी बर्फ की परत को लकड़ी के किसी गज या मीटर से सीधा नापा जा सकता है। इस बर्फ के पिघलने से पानी की कितनी मोटी परत बनेगी, यह ज्ञात करने के लिये एक प्रयोग करते हैं : एक बाल्टी में उतनी ही भुरभुरी बर्फ लेकर उसे पिघलने के लिये छोड़ दें। इसके बाद आप देख सकते हैं कि पानी की कितनी मोटी परत बनती है। इस प्रकार आप निर्धारित कर सकते हैं कि बर्फ की एक सेंटीमीटर मोटी परत से पानी की कितनी मिलिमीटर मोटी परत प्राप्त होगी। यह जान लेने के बाद बर्फ की परत को पानी की परत में बदलना कठिन नहीं होगा।

यदि आप हर दिन बिना नागा गर्मियों में वर्षा का जल नापेंगे और उसमें सर्दियों की बर्फ से बना पानी जोड़ देंगे, तो आप स्थानीय क्षेत्र में गिरने वाले पानी की वार्षिक मात्रा ज्ञात कर लेंगे। यह एक महत्वपूर्ण परिणाम होगा, जो उक्त क्षेत्र में अवसादन की कुल मात्रा बताता है। ("अवसादन" वातावरण से गिरने वाले जल को कहते हैं, चाहे वह वर्षा के रूप में गिरे, या ओले या बर्फ आदि के रूप में गिरे।)

सोवियत संघ में विभिन्न नगरों में अवसादन की वार्षिक मात्रा निम्न है :

लेनिनग्राद	47 से॰ मी॰	आस्त्रखान	14 से॰ मी॰
बोलग्दा	45 से॰ मी॰	कुताइसी	179 से॰ मी॰
अर्खांगेल्स्क	41 से॰ मी॰	बाकू	24 से॰ मी॰
मास्को	55 से॰ मी॰	स्वेर्दलोव्स्क	36 से॰ मी॰
कस्त्रोमा	49 से॰ मी॰	तबोल्स्क	43 से॰ मी॰
कजान	44 से॰ मी॰	सेमीपलातिन्स्क	21 से॰ मी॰
कूइबिशेव	39 से॰ मी॰	अल्मा-आता	51 से॰ मी॰
ओरेनबुर्ग	43 से॰ मी॰	ताशकेन्त	31 से॰ मी॰
ओडेसा	40 से॰ मी॰	येनिसेइस्क	39 से॰ मी॰
		इरकूत्स्क	44 से॰ मी॰

उपरोक्त स्थानों में आकाश से सबसे अधिक जल कुताइसी को प्राप्त होता है (179 से॰ मी॰) और सबसे कम आस्त्राखान को (14 से॰ मी॰); कुताइसी से 13 गुना कम। पृथ्वी-तल पर ऐसे भी स्थान हैं, जहाँ कुताइसी से भी बहुत अधिक अवसादन होता है। उदाहरण के लिये, भारत में एक स्थान अक्षरशः वर्षा के पानी से डूब जाता है; वहाँ 1260 से॰ मी॰, अर्थात 12½ मीटर वर्षा होती है! एक बार ऐसा भी हुआ था कि एक दिन-रात में वहाँ 100 से॰ मी॰ से भी अधिक पानी पड़ा। इसके विपरीत, ऐसे भी स्थान हैं, जहाँ साल में आस्त्राखान से भी बहुत कम पानी पड़ता है : दक्षिण अमेरिका के एक क्षेत्र, चीली में **पूरे वर्ष** भर में 1 से॰ मी॰ भी पानी नहीं पड़ता।

वे क्षेत्र, जहाँ 25 से॰ मी॰ से कम अवसादन होता है, सूखे का क्षेत्र कहलाते हैं। वहाँ अन्नोत्पादन बिना कृत्रिम सिंचाई के नहीं हो सकता।

यदि आप का निवास ऊपर गिनाये स्थानों में से किसी एक में नहीं है, तो आपको अपने क्षेत्र में अवसादन की वार्षिक मात्रा स्वयं निर्धारित करनी पड़ेगी। धैर्यपूर्वक पूरे साल वर्षा, ओले और हिम के रूप में गिरने वाले पानी को नापने के बाद आप ज्ञात कर सकेंगे कि आर्द्रता के दृष्टिकोण से सोवियत

संघ के अन्य नगरों के बीच आपके शहर को कौन सा स्थान प्राप्त है।

समझना कठिन नहीं है कि पृथ्वी-तल के विभिन्न क्षेत्रों में अवसादन-मात्रा नाप कर प्राप्त आँकड़ों से यह ज्ञात किया जा सकता है कि सारी धरती पर अवसादन के फलस्वरूप पानी की कितना मोटी परत बन सकती है। ज्ञात होता है कि सारे थल पर (सागरों पर प्रेक्षण नहीं किया जाता) वर्ष में अवसादन की मात्रा औसतन 78 से॰ मी॰ है। यह माना जाता है कि सागर तल पर उतना ही पानी पड़ता है, जितना समान क्षेत्रफल वाले थल पर। परिकलन करना कठिन नहीं होगा कि हमारे ग्रह पर वर्षा, ओले, हिम आदि रूपों में प्रति वर्ष कितना पानी पड़ता है। इसके लिये पृथ्वी-तल का क्षेत्रफल जानना होगा। यदि आप यह परिमाण कहीं से ज्ञात नहीं कर सकते, तो निम्न विधि से, स्वयं इसका परिकलन कर ले सकते हैं।

आपको ज्ञात है कि एक मीटर पृथ्वी की परिधि का 4-करोड़वाँ अंश है (परिभाषा से)। अन्य शब्दों में, पृथ्वी की परिधि 40 000 000 मीटर, अर्थात् 40 000 कि॰ मी॰ है। किसी भी वृत्त की चौड़ाई उसकी परिधि से लगभग $3\frac{1}{7}$ गुनी कम होती है। इस सूचना के आधार पर हम अपने ग्रह का व्यास ज्ञात कर सकते हैं :

$$40\,000 : 3\frac{1}{7} \approx 12\,700 \text{ कि॰ मी॰}$$

किसी भी गोले की सतह का क्षेत्रफल ज्ञात करने की विधि यह है : उसकी चौड़ाई को स्वयं से और $3\frac{1}{7}$ से गुणा कर देते हैं

$$12\,700 \times 12\,700 \times 3\frac{1}{7} \approx 509\,000\,000 \text{ वर्ग कि॰ मी॰}$$

(उत्तर में चौथे अंक से हम शून्य लिखना शूरू कर देते हैं, क्योंकि सिर्फ प्रथम तीन अंक विश्वसनीय हैं।)

इस प्रकार, समस्त पृथ्वी-तल का क्षेत्रफल 5090 लाख वर्ग कि॰ मी॰ है।

अब हम अपने प्रश्न की ओर लौटे। हिसाब लगायें कि प्रति वर्ग कि॰ मी॰ पृथ्वी-तल पर कितना पानी पड़ता है। एक वर्ग मीटर या 10 000 वर्ग से॰ मी॰ पर पानी पड़ता है

$$78 \times 10\,000 = 780\,000 \text{ घन से॰ मी॰।}$$

एक वर्ग कि॰ मी॰ में 1000 × 1000 = 1 000 000 वर्ग मीटर होते हैं। अतः उस पर 780 000 000 000 घन से॰ मी॰ या 780 000 घन मीटर पानी पड़ता है।

सारे पृथ्वी-तल पर पड़ता है

780 000 × 509 000 000 = 397 000 000 000 000 घन मीटर।

घन मीटरों की इस संख्या को घन कि॰ मी॰ की संख्या में परिवर्तित करने के लिये इसमें 1000 × 1000 × 1000 से भाग देते हैं। प्राप्त होता है 397 000 घन कि॰ मी॰।

इस प्रकार हम देखते हैं कि हमारे ग्रह पर वातावरण से प्रति वर्ष लगभग 400 000 घन किलोमीटर पानी अवसादित होता है।

यहाँ हम बारिश और हिमपात की ज्यामिति पर अपनी वार्ता समाप्त करते हैं। जो कुछ भी इस अध्याय में कहा गया है, मौसम-विज्ञान की पुस्तकों में आप सविस्तार पढ़ सकते हैं।

गणित और "प्रलय-पुराण"

98. प्रलय-कथा. बाइबिल में संकलित कथाओं में एक ऐसी भी है, जिसके अनुसार एक बार सारी धरती वर्षा के जल से डूब गयी थी। ऊँचे से ऊँचे पर्वत भी जल-लीन थे। बाइबिल के अनुसार, एक बार भगवान को "पाश्चाताप होने लगा कि उसने मनुष्य की सृष्टि की"। उसने कहा :

– जिनको मैंने रचा है, धरातल से मिटा दूंगा; मनुष्यों से ले कर पशुओं तक, सरीसृपों से ले कर नभगामी पक्षियों तक, सब को नष्ट कर दूंगा।

पुण्यात्मा नूह ही एक आदमी था, जिस पर भगवान दया करना चाहते थे। भगवान ने उसे प्रलय की तैयारी के बारे में बताया और एक नाव बनाने की आज्ञा दी, जिसका आकार निम्न था : "नाव की लंबाई 300 हाथ, चौड़ाई 50 हाथ और ऊँचाई 30 हाथ होनी चाहिये।" नाव तिमंजिला थी। इस नाव से सपरिवार नूह की ही नहीं, बल्कि जीवों के सभी प्रकारों की भी रक्षा होने वाली थी। भगवान ने नूह को सभी जीवों के एक-एक जोड़े को अपनी नाव में शरण देने की आज्ञा दी। नूह को उनके लिये भोजन-सामग्री का पर्याप्त भण्डार भी साथ रखना था : प्रलय-लीला काफी दिनों तक चलने वाली थी।

दुनिया के थल-जीवियों को नष्ट करने का साधन भगवान ने बाढ़ को चुना। जमीन पर जीने वाले सभी जंतुओं और लोगों को जल में डुबा देना था। नूह और उसके द्वारा बचाये गये जीवों से नयी मानव-जाति और नये जीव-जगत को उत्पन्न होना था।

"सातवें दिन—बाइबिल आगे कहती है, बाढ़ का पानी जमीन पर उतरा. .. 40 दिन और 40 रात मुसलाधार वर्षा होती रही... पानी बढ़ता गया और नाव को ऊपर उठाता गया; और वह बेसहारा तैर रहा था... पानी इतना अधिक हो गया कि सभी ऊँचे पर्वत-शिखर, जो नील नभ के नीचे अडिग खड़े थे, डूब गये; पानी की सतह उनसे 15 हाथ ऊँची थी... सारी धरती के तल पर जो भी जीव थे, डूब गये। बचे सिर्फ नूह और जो उसके साथ थे।" पानी-बाइबिल के कथनानुसार—जमीन पर 110 दिन तक और रुका रहा; इसके बाद वह गायब हो गया और नूह अपने जीव-जंतुओं के साथ नाव से बाहर आया, ताकि बियाबान धरती को फिर से बसा सके।

इस कथा के बारे में हम दो प्रश्न रखते हैं :

(1) ऐसी वर्षा संभव थी या नहीं, जो सारी पृथ्वी और ऊँचे से ऊँचे पर्वतों को डुबा सके?

(2) नूह की नौका में सभी थल-जीवियों के एक-एक जोड़े अँट सकते थे या नहीं?

99. बाढ़ संभव थी या नहीं. दोनों ही प्रश्नों का उत्तर गणित की सहायता से दिया जा सकता है।

ऐसी बाढ़ लाने वाली वर्षा के लिये इतना पानी कहाँ से आ सकता है? सिर्फ वातावरण से। वह पानी इसके बाद कहाँ गया? विश्व-प्रलय के इतने पानी को जमीन नहीं सोख सकती। पर हमारे ग्रह से वह बाहर भी नहीं जा सकता। एकमात्र स्थान, जहाँ पानी वापस लौट सकता है, वातावरण है : प्रलय-जल वाष्प बन कर पृथ्वी के वातावरण में ही विलीन हो सकता था। उस पानी को अब भी वातावरण में ही होना चाहिये। इसका अर्थ है कि हवा में उपस्थित सारा जलवाष्प यदि जम कर पुनः वर्षा का पानी बन जाये, तो एक बार फिर से वैसा ही प्रलय हो जायेगा; विश्व के ऊँचे से ऊँचे पर्वत-शिखर भी फिर से डूब जायेंगे। देखें, यह सही है, या नहीं।

मौसम-विज्ञान के सूचना-कोष से ज्ञात करें कि पृथ्वी के वातावरण में कितनी आर्द्रता उपस्थित है। ज्ञात होता है कि एक वर्ग-मीटर आधार वाले वायु-स्तंभ में औसतन 16 कि॰ ग्रा॰ के लगभग जलवाष्प होता है। उसकी मात्रा

25 कि॰ ग्रा॰ से अधिक कभी नहीं होती। अब हिसाब करें कि यदि यह जलवाष्प जम कर वर्षा के रूप में पृथ्वी पर गिरे, तो पानी की कितनी मोटी परत बनेगी। 25 कि॰ ग्रा॰, अर्थात् 25 000 ग्राम पानी का आयतन 25 000 घन से॰ मी॰ होता है। यह आयतन उस परत का होगा, जिसके आधार का क्षेत्रफल 1 वर्ग मीटर या 100 × 100 = 10 000 वर्ग से॰ मी॰ है। आयतन में आधार के क्षेत्रफल से भाग दे कर परत की मुटाई (ऊँचाई)

25 000 : 10 000 = 2.5 से॰ मी॰

ज्ञात करते हैं।

2.5 से॰ मी॰ से अधिक बाढ़ नहीं उठ सकी होगी, क्योंकि वातावरण में इससे अधिक पानी नहीं होता।* और पानी की यह ऊँचाई भी तब हो सकती है, जब वर्षा का पानी जमीन में बिल्कुल नहीं सोखा जाये।

यदि कोई प्रलय सचमुच हुआ था, तो हमारा परिकलन दिखाता है कि पानी की परत की मुटाई उस समय कितनी रही होगी : 2.5 से॰ मी॰। उच्चतम पर्वत-शिखर एवरेस्ट से, जिसकी ऊँचाई 9 कि॰ मी॰ है, यह बहुत दूर है। बाढ़ के पानी की ऊँचाई बाइबिल की कथा में ठीक 360 000 गुना बढ़ा कर बतायी गयी है।

इस प्रकार, यदि "प्रलय" के लिये पूरी दुनिया में वर्षा हुई भी थी, तो यह अधिक शक्तिशाली वर्षा नहीं थी, क्योंकि 40 दिन और 40 रात में सिर्फ 25 मि॰ मी॰ (चौबिस घंटों में आधे मि॰ मी॰ से भी कम) अवसादन हुआ था। पतझड़ के समय की एक हल्की वर्षा भी चौबिस घंटों में इससे 20 गुना अधिक पानी देती है।

100. क्या नूह की नौका संभव है? अब दूसरे प्रश्न का अवलोकन करें : क्या नूह की नौका में सभी थल-जीवी अँट सकते थे?

---

* दुनिया में कई जगहें ऐसी भी हैं, जहाँ एक बार में 2.5 से॰ मी॰ से भी अधिक अवसादन होता है। पर वह स्थानीय हवा से नहीं, बल्कि समीपवर्ती स्थानों की हवा के साथ लायी गई आर्द्रता से होता है। "विश्व-प्रलय" एक ही साथ सारी दुनिया में शुरू हुआ था, अतः कहीं दूसरी जगह से आर्द्रता आने का कोई प्रश्न नहीं उठता।

नौका में रहने लायक स्थान का क्षेत्रफल ज्ञात करते हैं। बाइबिल की कथा के अनुसार नौका तिमंजिला थी। उनमें से हरेक मंजिल 300 हाथ लंबी और 50 हाथ चौड़ी थी। "हाथ" प्राचीन पाश्चात्य एशियावासियों के लिये लंबाई नापने की इकाई था, जो लगभग 45 से॰ मी॰ या 0.45 मीटर के बराबर होती है। अतः नौका की प्रत्येक मंजिल के परिमाण हमारी इकाइयों में इस प्रकार थे :

लंबाई $300 \times 0,45 = 135$ मीटर

चौड़ाई $50 \times 0,45 = 22,5$ मीटर

फर्श का क्षेत्रफल : $135 \times 22,5 \approx 3040$ वर्ग मीटर

अतः तीनों मंजिलों को मिला कर रहने की जगह का क्षेत्रफल था : $3040 \times 3 = 9120$ वर्ग मीटर।

इतना स्थान क्या दुनिया के सभी **स्तनपायी जीवों** के लिये भी काफी रहेगा? विभिन्न थल-जीवी स्तनपायी जीवों की संख्या लगभग 3500 है। नूह को सिर्फ जीवों के लिये ही नहीं, बल्कि 150 दिन लंबे प्रलय-काल के दरमियान उनके खाने की सामग्री के लिये भी जगह चाहिये थी। हिंसक पशुओं को अपने लिये भी जगह चाहिये थी और दूसरे पशुओं के लिए भी, जिन्हें वे खाते हैं। फिर इन पशुओं के लिये भी खाने की सामग्री चाहिये! नौका में हर जोड़े जीव के लिये सिर्फ

$$9120 : 3500 = 2.6 \text{ वर्ग मीटर}$$

ही जगह बचती थी।

निवास स्थान का यह "कोटा" स्पष्टतः अपर्याप्त है, खास कर उस हालत में, जब कुछ जगह नूह के बहुसंख्यी परिवार के लिये भी चाहिये थी। इसके अतिरिक्त, पिंजड़ों के बीच आने-जाने के रास्ते के लिये भी कुछ जगह रखनी थी।

लेकिन स्तनपाइयों के अतिरिक्त और भी तो कई जीव हैं, जो आकार में बड़े नहीं होते, पर प्रकार में बहुत हैं। उनकी लगभग की संख्या इस प्रकार है :

चिड़िये 13 000

सरीसृप 3 500

जलथली 1 400

मकोड़े 16 000

कीड़े-पतंगे 360 000

यदि सिर्फ स्तनपाइयों के लिये जगह पर्याप्त नहीं थी, तो इतने और जीवों के लिये जगह बचने का प्रश्न ही नहीं उठता। इन सारे थल-जीवियों को बचाने के लिये नूह की नौका कई गुनी बड़ी होनी चाहिये थी। वैसे, बाइबिल में बताये गये आकार के अनुसार नूह की नौका पूरा जहाज ही थी : नाविकों के शब्दों में, उसकी जल-विस्थापन की शक्ति 20 000 टन थी। यह बिल्कुल आशातीत है कि उस पुराने जमाने में जब नौका-निर्माण की कला का सिर्फ जन्म हुआ था, लोग इस आकार का जहाज बना सकते थे। इसके बावजूद भी वह इतना बड़ा नहीं था कि वह बाइबिल की कथा में वर्णित काम में आ सकता। इसके लिये पूरा चिड़ियाघर चाहिये था, जिसमें 5 महीनों की भोजन सामग्री संचित हो।

तात्पर्य यह है कि विश्व-प्रलय के बारे में बाइबिल की कथा का गणितीय परिकलनों के साथ इतना भी मेल नहीं बैठता कि उसमें सत्य का कम से कम एक कण भी ढूंढा जा सके। संभावना यही है कि इस कथा का आधार कोई स्थानीय बाढ़ है और बाकी सब कुछ पूर्वी कल्पना-शक्ति की उर्वरता का परिणाम है।